/哲学通识读本/主编 唐正东 张 亮

科学和人文的冲突与融合

蔡 仲 刘 鹏 著

 南京大学出版社

图书在版编目(CIP)数据

科学和人文的冲突与融合 / 蔡仲，刘鹏著. —— 南京：
南京大学出版社，2015.4
（哲学通识读本）
ISBN 978 - 7 - 305 - 15000 - 5

Ⅰ. ①科… Ⅱ. ①蔡… ②刘… Ⅲ. ①科学学－关系
－人文科学－教材 Ⅳ. ①G301②C

中国版本图书馆 CIP 数据核字(2015)第 067924 号

出版发行　南京大学出版社
社　　址　南京市汉口路 22 号　　　　　邮　编　210093
出 版 人　金鑫荣

丛 书 名　哲学通识读本
书　　名　科学和人文的冲突与融合
著　　者　蔡 仲　刘 鹏
责任编辑　蒋桂琴　　　　　　　　　编辑热线　025 - 83592655

照　　排　南京南琳图文制作有限公司
印　　刷　江苏凤凰扬州鑫华印刷有限公司
开　　本　635×965　1/16　印张12.5　字数192千
版　　次　2015 年 4 月第 1 版　2015 年 4 月第 1 次印刷
ISBN 978 - 7 - 305 - 15000 - 5
定　　价　30.00 元

网址：http://www.njupco.com
官方微博：http://weibo.com/njupco
官方微信号：njupress
销售咨询热线：(025) 83594756

发挥哲学在通识教育中的作用，
办好中国特色的世界一流大学

（代序）

张一兵

"办好中国的世界一流大学，必须有中国特色。我们要认真吸收世界上先进的办学治学经验，更要遵循教育规律，扎根中国大地办大学。"这是习近平总书记对于中国高等教育事业所提出的殷切希望，也指明了中国大学的未来发展方向。中国大学的沉浮，映射了近代以来的国运兴衰。从在民族救亡中发轫和竞争对话中摸索，到专业化的大发展和素质教育的改革，再到面向世界一流大学的探索，中国现代高等教育已经走过了两个甲子的不凡之路。今天，办好中国通识教育的理念已经深入人心。通识教育以培养具备远大眼光、通融见识、博雅精神和优美情感的完整的人为目标。作为"爱智"之学，哲学本身就与通识教育的精神内在相通，并且在通识教育的发展中扮演着核心和基础的作用。它在培育学生的理性批判思维，引导当代大学生正确认识自己、认识社会以及人与社会的关系，形成理性地驾驭自我和从容处世的能力，进而成长为"扎根中国、胸怀世界、勇于创新"的现代人的过程中，具有不可替代的重要作用。

2009年以来，为适应国家和社会发展需要，创新人才培养模式，南京大学全面推行了"三三制"本科教学改革。经过五年多的努力，以这一改革为龙头的南京大学通识教育建设已取得了显著成效，在国内和国际高等教育界产生了重大反响。借助于改革所搭建的制度平台、开辟的实践空间，南京大学哲学系严格贯彻"三三制"本科教学改革的理念，坚持走以质量提升为核心的内涵式发展道路，结合自身学科特色和优势，从顶层设计出发，紧紧围绕"认识世界，咨政育人"这一根本宗旨，以"主流价值观的引导、传统文化的传承和创新思维的培养"为核心导向,精心打造了包括高水平通识课、高年级研讨课、新生研讨课和文化素质课在内的四级哲学类通识课程体系,为积极发挥哲学通识教育在咨政育人、创新人才培养和思想政治教育方面的功能做出了有益探索。

2015年1月,中共中央办公厅和国务院办公厅印发的《关于进一步加强和改进新形势下高校宣传思想工作的意见》强调指出:"要充分发挥高校哲学社会科学育人功能,深化哲学社会科学教育教学改革,充分挖掘哲学社会科学课程的思想政治教育资源。"为贯彻落实这一文件精神,南京大学哲学系和南京大学教务处、南京大学出版社展开通力合作,在借鉴国外一流大学成功经验的基础上,推出了这套与课程体系相匹配的哲学通识教材,全面普及哲学知识,启迪智慧,系统强化哲学的育人功能。

据我所知,这是国内高校自主编写的第一套比较全面、系统的哲学类通识教材。我衷心地希望,这套教材的出版能够为进一步深化南京大学"三三制"教学改革,积极提升南京大学人才培养质量,建构具有南京大学特色的通识教育模式和教材体系提供有益探索。

目　录

导　论

　　1959年,英国人查尔斯·珀西·斯诺在剑桥大学发表了一篇题为"两种文化与科学革命"的演讲。在演讲中,斯诺指出,世界正面临着"两种文化"的分裂,而这种状况在英国尤为严重。两种文化,指的是文学知识分子的文化和自然科学家的文化。斯诺声称,这两个群体彼此间存在着深刻的怀疑、不信任以及对彼此的无知与蔑视,这一分裂将会对科学的发展以及我们利用科学和技术改造社会的活动带来严重的破坏性后果。按照剑桥大学文学批评家和智识史专家斯蒂芬·科尔尼的说法,斯诺在这一个多小时的演讲中,至少做成了三件事:发明了一个概念——"两种文化";阐述了一个问题——"斯诺命题",即人文文化与科学文化之间的分裂;引发了一场争论——关于两种文化之分裂是否存在以及(如果存在)如何融合两种文化的争论。

　　实际上,在古希腊时代,人类文化就已经发生专业的分化,只不过,从古希腊一直到文艺复兴时期,我们今天所称的自然科学一直被包含在一个普遍的哲学概念之中,所以两种文化的问题并未彰显。亚里士多德说:"古往今来人们开始哲理探索,都应起于对自然万物的惊异。"人们常会将亚里士多德的这句话缩略为"哲学源于惊异"。这种缩略容易使人产生误解,实际上亚里士多德这里所讲的"哲学",其中非常重要的一部分就属于我们今天的自然科学研究。在这句话之后,亚里士多德接着说,这种哲理探索需要对"一些较重大的问题,例如日月与星的运行以及宇宙之创生,作成说明"①。日月与星的运行、宇宙之创生,这即便是在当时也已经不仅仅是形而上学问题了,它已经成为古希腊数理科学传统的一部分。有时我们也会听到"哲学是一切学科之母"这样的说法,确实,爱因斯坦说过类似的话,但是,爱因斯坦在讲这句话的时候,前面加了一个限定句,"如果把哲学理解为在最普遍和最广泛的形式中对知识的追求,那末,显然,

---

① 亚里士多德:《形而上学》,吴寿彭译,商务印书馆1959年版,第5—6页。

1

哲学就可以被认为是全部科学研究之母。"①因此,爱因斯坦并不是在简单的意义上说今天各种学科剥离之后的哲学是全部科学之母,而同样是在"爱智慧"这一原意上来使用哲学一词的。在传统看来,不管是关于人的学问,还是关于自然的学问,都属于"爱智慧"的一部分。但是,在 17 世纪科学革命之后,随着科学的巨大成功,科学开始成为知识判定的标准,科学研究的方法也开始成为知识的标准方法,科学成为了近代社会的一支重要力量。这带来了一系列后果。首先,科学的巨大成功使得人们对科学及其所代表的研究方法信心倍增,有人甚至试图将对人类社会的研究也改造为科学,社会物理学(physique sociale)和科学的哲学(scientific philosophy)就反映了这样一种趋势。第二,科学向传统人文领域的扩展使人们开始担心,对人的研究会不会也变成冷冰冰的物理学,进而使得对人的研究成为一种丧失人性的学问? 第三,科学的强势扩张及其对人文空间的挤占,对科学求真维度的过度强调,是否会削弱科学和技术作为一项社会事业的求善维度? 这主要涉及科学技术的伦理学后果,以及科学家和技术专家的社会责任问题。

出于上述考虑,思想家们很早就开始对科学进行反思。从 18 世纪开始,卢梭引领了浪漫主义对科学的反思思潮。卢梭认为,不仅科学的目标是"虚妄"的,而且其后果也是"危险"的;进而,科学,与艺术一道,使人们无法认识到自己"身上的枷锁","泯灭"人们对"天生的自由"的热爱,使得人们沉溺于"奴隶状态",这就是文明的代价。② 在卢梭之后,浪漫主义运动成为反科学运动的代表。在浪漫主义的时代,人们对科学的态度开始变得复杂,布莱克和蒲柏的诗歌代表了当时人们对以牛顿为代表的自然科学的两种对立观点:布莱克说,"上帝使我们远离偏狭和'牛顿之眠'"③;蒲柏诗歌云,"自然和自然律隐没在黑暗之中:神说,让牛顿去吧!万物遂成光明"④。

不管浪漫主义对科学的抵制是出于何种目的,其批判并未影响自然

---

① 爱因斯坦:《爱因斯坦文集》(第 1 卷),许良英等编译,商务印书馆 1976 年版,第 519 页。
② 卢梭:《论科学与艺术的复兴是否有助于使风俗日趋纯朴》,李平沤译,商务印书馆 2011 年版,第 26、10 页。
③ 卡尔·萨根:《魔鬼出没的世界》,李大光译,海南出版社 2010 年版,第 245 页。
④ 阿里山大·科瓦雷:《牛顿研究》,张卜天译,北京大学出版社 2003 年版,第 13 页。

科学的迅速发展,到 19 世纪,"科学"一词已经开始慢慢脱离亚里士多德意义上的"证明"科学,并逐渐取代自然哲学,开始获得其今天的含义,而"科学家"一词的出现更是体现了当时自然科学已经进入了制度化发展的阶段。19 世纪晚期发生在科学家赫胥黎和诗人、文学评论家马修·阿诺德之间有关科学教育与经典教育之间的争论,体现了科学在进入大学过程中所遭遇的传统人文文化的抵制。这场争论之后,英格兰的教育结构有了很大的改变,但是英格兰教育体制中对专业化教育的强调,更加剧了科学与人文之间的紧张关系。

曾有人问《星球大战》系列电影的制片人乔治·卢卡斯一个类似于卢梭所回答的那个问题,"你认为科技正在让世界变得更加美好还是更加糟糕?"卢卡斯的回答是:"如果观察科学和一切已知事物的发展曲线,会发现它像火箭一样拔地而起。我们在这架火箭上,沿着完美的垂直线冲入星空。可是人类的情商即便不是比智商更重要,至少也是同等重要。我们在情感上的无知和 5 000 年前一样,因此从情感上来说,我们的轨迹线是完全水平的。问题在于水平线和垂直线渐行渐远,裂隙的扩大将会产生某种后果。"①当卢卡斯作为一个纯粹的电影工作者的时候,他的角色更像是斯诺所说的人文知识分子;当卢卡斯综合运用计算机、照相机、动画制作和真人动作,以创造出连续的电影世界和有层次感的影像时,他又是一个现代科学技术的使用者。这使得他有机会窥见科学与人文之间的裂隙。这一裂隙,作为一个命题,最早由斯诺提出。按照斯诺的观点,到20 世纪,科学与人文之间的分裂已经非常严重。斯诺所说的两种文化之间的分裂包含以下几个层面。首先,科学家与文学知识分子(人文文化的代表)彼此无知。按照斯诺的标准,这种无知表现在:科学家并没有读过莎士比亚的作品,而文学知识分子又不懂热力学第二定律。进而,科学家与文学知识分子之间无法交流,在彼此看来,双方似乎都操着对方无法理解的"藏语"。最后,这导致了双方的敌视情绪。科学家认为文学家缺乏远见,不关心自己的同胞,在根本层面上是反知识的;而后者则认为前者是浅薄的乐观主义者,似乎认为科学能解决一切问题,而忽视人之为人的特殊性。在此意义上,斯诺指出,世界上最远的距离,实际上存在于作为

① 凯文·凯利:《科技想要什么》,熊祥译,中信出版社 2011 年版,第 200 页。

一极的科学家与作为另一极的文学知识分子之间，即便他们可能生活在有限的或者同一个物理空间之内，但他们在"学术、道德和心理状态"等方面的差距就像隔着一个大西洋。

斯诺命题引起了极大的反响，他获得了众多的支持者，尽管有些信件来自那些他都不知道的国家，但是他也受到了某些人的批评，甚至有些文章还对他进行了不负责任的人身攻击。[①] 对斯诺命题的这种两极化的态度，恰恰反映出两种文化问题引起了人们极大的共鸣。在斯诺命题的影响下，爱丁堡大学在 1964 年成立了"科学论小组"（Science Studies U-nit），开始反思两种文化融合的可能路径。这种反思的结果就是产生了一个新的学术流派，这个流派通常被称为"科学论"或"科学知识社会学"等，其核心主张是在元科学层面上持社会建构主义立场。总体而言，以社会建构主义为代表的后现代主义坚持一种认识论上的相对主义立场，否定科学的客观性和真理性。这种极端主张引起了科学家的激烈反对。1994 年，美国生物学家格罗斯与数学家莱维特出版了《高级迷信：学术左派及其关于科学的争论》一书，对以后现代主义、文化研究和科学研究名义出现的科学论思潮进行了猛烈的批判。受此书的激励，美国物理学家艾伦·索卡尔准备进行一次实验，以考察后现代主义者的科学素养。1996 年 5 月 18 日，美国《纽约时报》头版刊登了两条新闻，一条是配有一幅彩色照片的克林顿总统签署保护儿童法案的消息，另一条是纽约大学的量子物理学家艾伦·索卡尔向著名的文化研究杂志《社会文本》递交的一篇标题是《超越界线：走向量子引力的超形式的解释学》的文章所引发的轰动。在这篇文章中，索卡尔故意捏造了一些常识性的科学错误和逻辑错误，目的是检验《社会文本》编辑们在学术上的诚实性。结果 5 位主编都没有发现这些错误，也没能识别索卡尔在编辑们所信奉的后现代主义与当代科学之间有意捏造的"联系"，经主编们一致通过后文章被发表，引起了知识界的一场轰动。这就是著名的"索卡尔事件"。索卡尔事件引发了以索卡尔为代表的一部分科学家和传统哲学家与以社会建构主义者为代表的后现代主义者之间的一场大论战，学术界称之为科学大战。科学大战是科学文化与人文文化当代分裂的一个集中体现。

---

① C. P. 斯诺：《两种文化》，陈克艰、秦小虎译，上海科学技术出版社 2003 年版，第 47 页。

　　实际上,在斯诺命题和科学大战之前,中国也曾发生过一场科学与人文之间的大论战,这就是 20 世纪 20 年代的科玄论战。科学派主张人生观问题可以由科学解决,而玄学派则主张人生观问题有其独特性,它独立于科学范围之外。这场论战有其独特的社会历史背景,对这场论战的反思将有助于我们理解两种文化之间的关系问题。

　　两种文化已经不可避免地分裂了,那么该如何反思这种分裂? 该如何将之重新融合起来? 这是学术界所面临的一个大课题。要谈论这一问题,我们就需要转变视角,从关注科学与自然、科学与社会的关系,转变为关注实践过程中各种异质性要素之间的相互作用。前一种做法首先将科学知识抽离出来,而后思考它与自然或社会的关系,这样就会导致只见自然的科学与只见社会的科学之间的对立,两种文化的问题也就由此产生。后一种做法将科学视为实践过程中各种物质性要素和社会性要素相互作用的结果,于是,人们发现,科学文化与人文文化在实践过程中原本就是结合在一起的。

　　科学与人文是人类文化的两翼,它们之间的分裂既是一个历史问题,又是一个现实问题;既是一个理论问题,也是一个实践问题。从历史的视角看,两种文化的分裂是一个历史产物,对这一历史过程的考察将有助于我们从两者的根源和终极目的上反思融合两种文化的途径;从现实的视角看,大科学时代科学运作的社会化特征更加突显了合理理解科学与社会关系的重要性;从理论的角度看,分析视角的转变会使人们发现,理想的科学尽管与人文文化相去甚远,但现实的科学却一直与人文文化缠绕在一起;从实践的角度看,科学与人文都是人之学问,也都是人之实践方式,因此,浸淫于科学者,要时刻不忘自己的文化和社会责任,而沉迷于人文者,也应具备基本的科学素养。既不能扬科学抑人文,也不能重人文而轻科学,唯有如此,科学文化与人文文化才能在具体的个人身上得以统一。

第一章 两种文化:从融合走向分裂

在西方文化的最初语境中,科学与人文是融合在一起的,它们都属于古希腊爱智传统的一部分。只是到了近代,随着科学开始获得其不同于人类文化其他部分的特征,并随着它在人类文化中地位的不断增长以及它作为一种改造自然和社会的力量的不断壮大,它开始与人类文化的其他部分发生了分裂。这种分裂既表现在知识层面,又表现在制度、伦理等其他层面。到 20 世纪 50 年代,随着斯诺命题的提出,这种分裂逐渐进入学术视野,同时也开始成为大众的关注点之一。

第一节 科学与人文的历史分裂

一、近代科学主义的兴起

科学与人文之间的关系,是一个复杂而又容易引起争议的问题。要探究两者之间的分裂,就需要从知识、历史和制度等层面进行考察,因为科学与人文之间的关系,源自认识论层面科学与人文之间的差异,这种差异是随着历史的发展逐渐形成并加剧的,而当科学成为一项独立的事业时,它就又会上升到制度层面,从而逐渐形成如斯诺所言的两个群体之间的对立。

在古希腊的爱智传统中,科学和人文没有分裂的必要,因为它们都是一种"自由"的学问,是"人"的学问,如亚里士多德所言,"哲学是唯一的学术","是为学术自身而成立的唯一学术"。① 因此,在古代传统中,科学和人文都属于爱智传统中的哲学。前文曾指出,亚里士多德认为哲学源于惊异,但这种惊异的对象并不仅限于今天我们所说的哲学的范围,它明显包含了自然科学的含义,"日月与星的运行以及宇宙之创生"都属于古希

---

① 亚里士多德:《形而上学》,第 6 页。

腊哲学的范围。而且,古希腊的哲学家们在一定程度上也都是科学家,黑格尔在"万物的本原问题"上称泰勒斯开创了西方的哲学传统,但同时泰勒斯也将埃及以实用为目的的测地术发展为以抽象和理性为特征的几何学;柏拉图是一位伟大的哲学家,同时他也提出了"拯救现象"这样一个一直影响到哥白尼时代的天文学问题,直到开普勒用椭圆代替圆作为行星的运行轨道,这一毕达哥拉斯主义或者柏拉图主义传统的审美偏见才最终被取消。其他的很多学者都兼具了哲学家和科学家的双重身份。甚至科学与宗教的关系也远非一般意义上我们所理解的完全的分裂。以毕达哥拉斯学派为例,由于对毕达哥拉斯定理的了解,人们可能想当然地认为它是一个科学学派,至少也是一个哲学流派。诚然,毕达哥拉斯学派的成员确实在哲学和科学上做了大量的工作,但是,其知识追求的合法性根源实际上来自宗教。不管从教规、教义还是组织形式来看,它首先是一个宗教组织,其次才是一个科学组织,因为追求数学知识从根本上而言是修习者追求永生和灵魂不灭的方法之一,数学成为了一种纯净身心、纯粹灵魂的宗教法门。即便到了近代,科学与宗教的关系也并非完全分裂,甚至近代科学的发展在很大程度上受到了宗教精神某些方面的影响。科学社会学家默顿指出,"清教主义与科学最为气味相投",因为"在清教伦理中居十分显著地位的理性论和经验论的结合","构成了近代科学的精神气质"。[1] 实际上,很多科学家对科学的研究也都有着宗教方面的动力,比如波义耳。伯特指出:"对波义耳来说,就像对培根来说一样,实验科学本身就是一项宗教工作。"[2]牛顿也是如此,牛顿在其《自然哲学之数学原理》中写道:"尽管黑暗的地球在静穆中旋转,那又何妨? 尽管在其辉煌的轨道中,悄无一声,那又何妨? 那欢呼声响彻理性之耳,突然喷发出一个壮丽的声音,在它们照耀下,永远歌唱,'那创造我们的神圣之手'。"[3]

　　科学与人文的分裂,是随着近代自然科学产生并逐渐脱离哲学而形成的。这种分裂有两个层面的含义,一方面,科学开始成为一类独立的研

---

　　① 　罗伯特·金·默顿:《十七世纪英格兰的科学、技术与社会》,范岱年等译,商务印书馆2000年版,第133页。

　　② 　爱德文·阿瑟·伯特:《近代物理科学的形而上学基础》,徐向东译,北京大学出版社2003年版,第159页。

　　③ 　同上,第247—248页。

究领域;另一方面,职业的科学家开始出现了,科学家开始成为某种独立于哲学的学术共同体。而独立后的科学力量不断强大,反过来又对哲学产生了重要的影响。

从知识和方法层面看,近代自然科学具有两个最基本特征,即数学和实验。实际上,在古希腊人那里,数学是一门非常重要的学问,柏拉图在其学院门口写上"不懂数学者不得入内",力学、光学、天文学等在古希腊都可以被视为数学的分支,甚至在毕达哥拉斯那里音乐也从属于数学。这充分说明了数学的重要性。①

即便到了近代,当哥白尼试图针对托勒密的地心说提出日心说时,与其说他心里所设想的是日心说代表了宇宙的真实图景,倒不如说他的体系比托勒密体系更具有数学上的简单性,这也就是早期日心说的接受者中有相当数量的数学家的原因。开普勒更进一步,他甚至根据纯粹的数学原则设想了一个宇宙模型。近代自然科学在古希腊数学传统的基础上,更重要的是将数学与自然结合起来,实现了自然的数学化。在这一过程中,伽利略起了非常重要的作用。他做出了第一性和第二性的区分,第一性是指物体的形状、广延、位置等量的方面,而第二性则指事物在质方面的区别如颜色、声音等,它们是自然界物体在人类的心灵中造成的。伽利略强调第一性,贬低第二性,甚至认为第二性是第一性的衍生物。第一性则是可以用数学进行量化研究的,如其所言:"哲学被写在那部永远在我们面前打开着的大书上,我指的是宇宙。但只有学会并熟悉了它的书写语言和符号以后,我们才能读它。它是用数学语言写成的,字母是三角形、圆形以及其他几何图形,没有这些,人类将一个字也读不懂。"显然,伽利略的观点是,"自然的真理存在于数学的事实之中;自然中真实的和可理解的是那些可测量并且是定量的东西。"②自然的数学化一方面源自知识(或形而上学,或宗教)的信念,另一方面则源自它的极高的预言力。哈雷通过数学的运算预言了哈雷彗星的回归,亚当斯和勒威耶通过数学计算断定了海王星的运行轨道。通过数学运算所得出的结果竟然具有经验

---

① 古希腊数学与中国数学有着根本的不同。古希腊数学更多具有一种超越理性,这也就是泰勒斯所创立的几何学与古埃及人的测地术之间的差别,而中国数学则更多是为了解决现实问题。

② 罗宾·柯林武德:《自然的观念》,吴国盛、柯映红译,华夏出版社1999年版,第113页。

的可靠性，这都是自然的数学化所带来的成就。

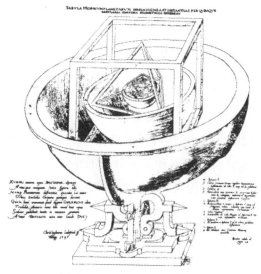

图示　开普勒的宇宙模型①

　　开普勒发现，当时已知的 6 个行星与用如下方法所得到的距日距离惊人地接近，即将它们所在的"天球"内切也外接于柏拉图几何学的 5 个规则多面体：正方体、正四面体、正十二面体、正二十面体和正八面体。在一个巨大的立方体中内切一个球来表现最外面的行星——土星的轨道，叠放于其内的是，木星的天球内切一个正四面体，火星的天球又内切于其内，等等。这是一个以几何秩序为蓝本的宇宙。开普勒给出了自然的这种设计的理由，"上帝在创造宇宙并调节宇宙秩序之时，把自毕达哥拉斯和柏拉图时代起就已经知道的 5 个规则几何体放在眼前……按照它们的大小，上帝确定了天球的数目、属性和运动关系。"②

　　在近代科学实验传统的形成过程中，弗朗西斯·培根起了很重要的作用。培根反对经验哲学家仅仅依赖几本古籍进行学术研究，反对将其

　　①　斯蒂文·夏平：《科学革命：批判性的综合》，徐国强、袁江洋、孙小淳译，上海科技教育出版社 2004 年版，第 58 页。

　　②　同上，第 57 页。

工作限定于对古籍的内容进行逻辑修补,而不注意事物本身。他把单纯的经验主义者比作蚂蚁,把先验的理性主义者比作蜘蛛,而把真正的科学家比作蜜蜂,坚持将经验主义和理性主义、实验观察与理性推理结合起来。因此,科学的方法就"必须从系统的观察和实验开始,达到普遍性有限的真理,再从这些真理出发,通过渐缓的逐次归纳,达到更为广阔的概括"。① 尽管对于伽利略到底有没有在比萨斜塔做落体实验,学术界现在多有质疑,但这一实验的象征意义却是非常明显的,如有学者评价:"导致与传统决裂的与其说是伽利略所作的观察和实验,莫如说是他对观察和实验的态度。"②他将通过观察和实验得来的结果作为判定科学与否的标准,这就排除了教条主义传统,真正使科学成为了一门有关事实的学问。波义耳更是主张将实验与理论解释相结合,宣告了近代化学的诞生,他为

图示　波义耳的空气泵实验③

　　① 亚·沃尔夫:《十六、十七世纪科学、技术和哲学史》,周昌忠等译,商务印书馆 1991 年版,第 173 页。

　　② A. F. 查尔默斯:《科学究竟是什么》,鲁旭东译,商务印书馆 2009 年版,第 14 页。

　　③ Steven Shapin & Simon Schaffer, *Leviathan and the Air-pump*: *Hobbes, Boyle, and the Experimental Life*, Princeton: Princeton University Press, 1985, p.27.

探讨真空问题所做的空气泵实验是那个时代最复杂的实验之一。牛顿也非常强调经验和实验的重要性，认为探索事物性质的正确方法是从实验来推出。在其著作《光学》的开篇，牛顿就写道："我之所以要写这部书，并不是想要通过假说来解释光的性质，而是要靠智慧和实验来提出并证明这些性质。"①这种经验主义立场使得牛顿对形而上学的立场采取了反对态度。

当然，近代早期的科学家们尽管使用了数学和实验的研究方法，但他们大都认可这仍然属于哲学的范围，在此意义上，牛顿将自己的著作命名为《自然哲学之数学原理》。诚如沃尔夫所言，"在近代之初哲学和科学是彼此不分的"，因为，当时的"科学著作包含很多我们今天所称的哲学，科学家还常常作出形形色色的纯粹哲学假设"。② 但这种讨论方式与我们今天的哲学讨论相比，有着根本的不同。随着科学的进一步发展，特别是近代科学革命完成之后，科学已经变得相对独立。这种独立性除了表现在科学开始具有了哲学中其他知识体系所不具有的研究方法外，还表现在从事科学家职业的学者的身份开始发生变化。

近代早期，科学大多是人们的一种个人爱好，甚至对有些人而言还仅仅是一种业余爱好。哥白尼大学期间主修法律、医学和神学，其一生大部分时间都是在弗劳恩堡大教堂担任教士，天文学仅仅是哥白尼在拿了教堂的丰厚薪水之后的个人爱好。化学家普利斯特利最初的职业是牧师，后来由于政治立场的原因移民美国之后才成为化学教授。拉瓦锡的化学研究费用也是来自他作为包税公司股东所获得的暴利，当然，拉瓦锡也为这一职业付出了生命的代价，在法国大革命中被送上了断头台。可以看出，早期科学家的科学研究相当程度上是一种个人行为，而且他们也并不以此为生。但是到了 19 世纪，情况就开始发生了一些改变。随着科学开始慢慢获得今天所说的自然科学或物理科学的含义以及职业科学家的出现，人们需要为这些人给出一个特定的职业名称，因为简单地称之为"自然哲学家"或者"实验哲学家"，将无法与道德哲学家等明确区分。因此，

---

①　戴维·罗杰·奥尔德罗伊德：《知识的拱门——科学哲学和科学方法论历史导论》，顾犇等译，商务印书馆 2008 年版，第 130 页。

②　亚·沃尔夫：《十六、十七世纪科学、技术和哲学史》，第 703、704 页。

1834年,英国科学哲学家惠威尔(又译"休厄尔")模仿 artist 一词提出 scientist,后来又在其《归纳科学的哲学》中再次提出,并同时创造了 physicist 一词。科学职业化的另外一个特征是,以科学家为主的科研社团开始形成并发展起来。1657年伽利略的两个学生维维安尼和托里拆利发起成立了西芒托学院,1662年英国皇家学会正式成立,1666年巴黎科学院成立,1700年柏林科学院成立。这些科研机构的成立,一方面为当时的科学家充分交流科学知识提供了平台,另一方面由于这种交流也需要采取某种一致性的标准,而且拉普拉斯指出这种标准只能是"观察和计算结果"①,因而也就促进了科学统一标准的形成。

科学的职业化,一方面反映了科学的极大发展,反映出科学开始试图摆脱哲学的尝试;另一方面,它更表明了科学家开始成为一种独立职业,他们开始接受专门教育,哲学等人文学科慢慢脱离了科学教育的核心。"它(科学)把直接来自观察或经验事实的理论同离开这些材料比较遥远的进一步理论分别开来。前者属于科学的范畴(即通常所称的自然哲学),后者则属于思辨哲学的范畴(它有各种不同的名称:神学、形而上学或第一哲学)","这样,经验上可证实的自然知识便同因无法证实或不能充分证实而令人可疑的思辨区别了开来。换句话说,科学同哲学分离了"。②

与这一分离过程相伴随的是科学力量的不断增强。这种增强不仅表现在科学理论自身的发展、科学家从业人数的增加、科学家职业共同体的形成等方面,而且还表现在科学开始反过来影响哲学和人文。如罗素所言:"近代世界与先前各世纪的区别,几乎每一点都能归源于科学,科学在十七世纪收到了极奇伟壮丽的成功。"科学所带来的新思维、新概念,"对近代哲学发生了深刻的影响"。③ 近代科学对哲学的影响主要有两方面。

---

① 亚·沃尔夫:《十六、十七世纪科学、技术和哲学史》,第69页。
② 同上,第704页。当然,这是一个复杂的问题,科学与哲学分离,并不代表那个时代的科学家们就对哲学采取敌视态度。沃尔夫接着指出:"近代科学的先驱者们坚持不懈地致力于使科学和哲学摆脱神学以及随后又使科学同哲学分离,这决不能看做是一种证据,说明他们都敌视神学或哲学。他们大都是虔诚的基督教徒,尽管他们不是狂热的教士;他们莫不热衷于各种哲学假设,虽然他们并不能清楚地意识到这个事实。然而,他们都本能地试图保持他们的科学工作脱离他们的神学和哲学,取得了程度不等的成功。"
③ 罗素:《西方哲学史》(下卷),马元德译,商务印书馆1996年版,第49页。

一方面,科学开始破除中世纪宗教神学在思想界的统治地位。1543年,哥白尼的《天球运行论》吹响了科学与神学之间战斗的号角,不过,由于最初在思想框架和预言能力上与托勒密体系相比并无太多优势,所以,哥白尼的理论一直到17世纪经过开普勒和伽利略的改造并随着人们观察手段的改进之后,才真正慢慢获得人们的承认。在此意义上,罗素将近代思想归结为两点:一是宗教权威的衰落,二是科学权威的兴起,而后者的兴起则是导致前者衰落的一种根本力量。另一方面,科学的权威得到了近代哲学家的承认和接受,不过,这种权威不再是中世纪宗教的统治性的政治权威,而是科学的知识性的智识权威,科学所带来的新的知识主张和思维方式开始渗透到那个时代的哲学之中。近代哲学家大多都对数学和自然科学在当时的最新进展非常熟悉,甚至他们中的某些人兼具哲学家和科学家的双重身份,比如莱布尼茨、笛卡尔等,康德本人对近代科学也是非常熟悉的,甚至在他眼里牛顿力学中的某些基础部分就是必然真理,不仅如此,他还提出了用以解释宇宙起源的"星云假说"。自然科学对近代哲学的这种渗透以及哲学家们的双重身份,导致近代哲学不可避免地具有了某些科学特征。

首先,近代哲学的"认识论转向"一定程度上要归因于自然科学。按照亚里士多德的观点,科学只有经过三段论证明才能成为科学,或者说,科学是指在欧几里得意义上经过证明的知识,因此通过实验和观察而得到的新的科学,需要一种新的认识论辩护,即要对科学知识是什么,如何发生,如何获得,以及科学知识的比较等问题进行讨论,这在一定程度上是近代自然科学向哲学家们提出的任务。当然,哲学家们的解答要么是唯理论的,如笛卡尔等人,要么是经验论的,如休谟等人,要么是两者的调和,如康德。而20世纪逻辑实证主义的诞生,是认识论转向的一个最重要成果,它使得哲学的一部分开始成为一门辩护性学科。

其次,以自然的数学化和客观化为特征的近代西方科学,也推动了机械论自然观的形成。这是一种全新的自然观,古希腊哲人中,除阿那克萨戈拉、德谟克利特等少数人外,大部分人都认可某种形式的有机论自然观。这种自然观认为自然运动是由某种神或者自然化的神来推动的,于是,在亚里士多德那里,如果没有外力作用,物体最终会静止于其天然位置,在此意义上说,力是物体运动的原因。但在机械论自然观看来,物质世界的运动只能由同样物质性的因素来解释，牛顿第一定律更是指出，如果没有外力作用，运动起来的物体会永远运动下去。进而，整个宇宙也是一个靠自身的能量和定律运行的世界，不需要外力的干涉。或许有些科学家仍然承认神的存在，如牛顿甚至为上帝安排了第一推动力的施加者的位置，但是上帝的作用也就仅限于此，当他为世界施加第一推动力之后，世界便按照万有引力定律自行运转。这种自然观认为，自然本质是由相同的微粒构成的，自然界的差别并不是来自构成物的质的不同，而是来自微粒数量和空间排列的差异，因此，自然不再具有某种最终的目的，它服从于某种因果律的支配，而这种因果关系则可以通过数学和实验的研究得出。在伽利略那里，自然真正成为了"作为实在的自我封闭的物体世界"，并随着数学化的实现，"自我封闭的自然的因果关系的观念相应而生"。在这种自然观看来，"一切事件被认为都可一义性地和预先地加以规定"。于是，世界成为了在"数学或数学的自然中所获得的新的意义上的理性"的世界。① 这样的自然，也就是我们通常所说的客观的自然，是近代二元论哲学的产物，也是科学方法的基础。于是，祛魅的自然科学，导致了祛魅的自然观，进而形成了祛魅的机械论哲学。

第三，近代哲学的许多理论体系都是以自然科学为范例建立起来的。笛卡尔试图以哲学的视角对普遍数学进行方法论反思，并进而按照这种方法论的要求建立起统一的哲学体系。笛卡尔将哲学视为一棵大树，这棵树的树根是形而上学，树干是物理学，而树枝则是各门具体科学，包括医学、力学和伦理学等。斯宾诺莎则按照几何学的形式确立起哲学体系，这从其著作《伦理学》的全称《依几何次序所证伦理学》可以看出，这本著作从定义、公理出发，对公理的一切演绎结论都做了严格证明。怀特海甚至认为，现代哲学的"一部分就是在建立现代科学原理的那一部分人手里确定的"。② 进而可以说，"自 17 世纪科学革命获得巨大成功以来，科学确实是哲学灵感最有力的源泉"③。到后来，人们甚至试图将哲学改造为

---

① 埃德蒙德·胡塞尔:《欧洲科学危机和超验现象学》，张庆熊译，上海译文出版社 1988 年版，第 5—6 页。

② A. N. 怀特海:《科学与近代世界》，何钦译，商务印书馆 2012 年版，第 154—155 页。

③ 亚历克斯·罗森堡:《科学哲学：当代进阶教程》，刘华杰译，上海世纪出版集团 2006 年版，第 10 页。

"科学的哲学"，这都反映了科学对哲学的深刻影响。

到19世纪，在科学影响哲学或者人文方面，最突出的例子就是奥古斯特·孔德的实证主义哲学。孔德将人类知识的发展划分为三个阶段：神学阶段、形而上学阶段和实证阶段，而实证科学包括数学、天文学、物理学、化学、生物学和社会学（社会物理学）。可见，一方面由于自然科学的巨大影响，孔德开始将实证科学视为人类知识的最高层次，另一方面孔德也试图将实证科学的方法扩展到对人类社会的研究中去，这就是社会物理学一词的本意。而斯宾塞更是将进化论扩展到了人类社会。这些都反映了科学主义在19世纪的盛行。

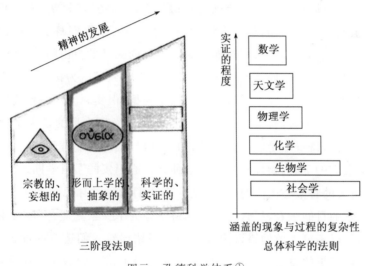

图示　孔德科学体系①

二、人文主义与浪漫主义对科学的批判

科学主义的盛行激起了人文主义对科学的批判，这种批判主要指向了近代科学及其所代表的机械论自然观。如雅克·莫诺指出："科学方法总是有系统地来否定用终极原因来解释现象、也就是用'目的'来解释现象就可以获得'真正的'知识……伽利略和笛卡儿提出了惯性原理，推翻了亚里斯多德的物理学和宇宙学，这不仅为力学、而且为现代科学的认识论奠定

①　彼得·昆兹曼等：《哲学百科》，黄添盛译，广西人民出版社2011年版，第164页。

了基础……客观性假设已同科学合为一体了；三个世纪以来，它引导科学取得了巨大进展。在科学本身的范围内是没有办法摆脱这个假设的，即使是试验性的或是在有限的领域内，也都是无法摆脱的。"①客观化的自然，在马克斯·韦伯和大卫·格里芬看来，是被祛魅的自然，这样的自然不可能具有任何的经验和感觉，进而，自然也就"失去了使人类精神可以感受到亲情的任何特性和可遵循的任何规范。人类生命变得异化和自主了"。②

这种丧失意义的自然遭到了浪漫主义的反对，卢梭开启了浪漫主义反科学思潮的大门。他认为，从科学的本性上来说，科学（以及艺术）所带来的价值观的统一化和标准化会扼杀人类的自由天性，"身体的需要是构成社会的基础，而精神的需要则是点缀社会的饰物"，"科学、文学和艺术（它们虽然不那么专制，但也许更为强而有力）便给人们身上的枷锁装点许多花环，从而泯灭了人们对他们为之而生的天然的自由的爱，使他们喜欢他们的奴隶状态，使他们变成了所谓的'文明人'"。为科学和艺术所熏陶的文明人，尽管表面上看起来一身都是美德，但实际上却一点美德都没有。从起源上来看，科学并非以人类的自由与幸福为目的，"天文学诞生于人的迷信，雄辩术是由于人们的野心、仇恨、谄媚和谎言而产生的，数学产生于人们的贪心，物理学是由于某种好奇心引发的"，科学同道德一样，都是"由人的骄傲心产生的"，"都是由于我们的种种坏思想产生的"。从科学探索的目的来看，尽管人们声称科学是为了探索真理，但是通往真理的道路是以不可胜数的错误为代价的，"而错误给人们造成的危害，比真理给人们带来的益处大千百倍"，这是一种得不偿失的做法。而且，人们对真理的寻求可能并不是出于真心，即便是出于真心，我们也无法识别这种真心，甚至科学中根本没有一种超越性的评价标准，这样就使得我们无法对存在的众多科学观点进行评判。而最困难之处则在于，"即使我们幸而最后发现了真理，在我们当中谁知道该怎样好好应用它呢？"

于是，科学给人类所带来的危害就不可避免了。科学所带来的危险后果包括几个方面。首先，科学产生于人的闲逸，它们反过来则又会助长

---

　　① 雅克·莫诺：《偶然性和必然性：略论现代生物学的自然哲学》，上海外国自然科学哲学著作编译组译，上海人民出版社1977年版，第14页。

　　② 大卫·雷·格里芬：《后现代科学——科学魅力的再现》，马季方译，中央编译出版社1995年版，"引言"，第3页。

这种闲逸。因此，它们所带来的第一个不可避免的损失就是时间的浪费。然而，从事科学研究的人却并不认为自己是无所事事的，他们认为自己在从事着高尚的事业，他们都是一群"爱摇唇鼓舌的人"，"到处宣扬他们荒唐的奇谈怪论，破坏人们的信仰的基础，败坏人们的道德"。进一步，科学和艺术也会导致奢侈之风的盛行，导致人们对金钱的追逐，"没有科学和艺术，奢侈之风就很难盛行；而没有奢侈之风，科学和艺术也无由发展"，这就是科学带来的第二个危害。而奢侈之风和道德风尚的败坏，进而又"必然会败坏人们的审美力"。因此，科学所带来的危害是全方位的，卢梭对这种危害持彻底的批判态度。①

浪漫主义运动继承了卢梭对科学的批判态度。浪漫主义的批判来自近代科学所带来的一种矛盾，"人们一方面相信以机械论为基础的科学唯实论，另一方面又坚信人类与高等动物是由自律性的机体构成的"②，这就导致了机械性的科学和自然与集体性的人类之间的矛盾，浪漫主义对科学的批判就是这种矛盾的一个逻辑衍生物。浪漫主义主张，我们应该尊重自然，赞美自然，批评科学主义视角下的机械化自然。浪漫主义的某些代表人物醉心于自然界，认为我们不应该完全采取科学的视角将自然界视为某种抽象的概念，如果科学将抽象化的自然从现实的自然中剥离出来，那么，它将会丧失关于自然的最重要的东西。华兹华斯在其著作《序曲》第一卷中写道："充乎天，沛乎地，自然之形影，山峦之幻影，幽境之精灵！壮哉造化功，俗念何由生？儿时栖游处，此影未尝去。峦严林泉间，洞穴绿茵处，惊恐欲念情，均为此影铸。纵情与狂欢，期望与疑惧，大地有此影，狂澜永不住。"③可以看出，华兹华斯的自然概念是具体的、现实的，与科学的抽象自然截然不同。他的另外一首诗《我好似一朵流云独自漫游》，则更彰显了人的情感与自然合二为一的境界。科学化的自然是一个抽象的、形式化的自然，情感、美、价值和直觉等都被科学排除在外，这样的自然就成为了一个僵死的毫无生机的自然，这是浪漫主义对科学主义自然观或机械论自然观的最直接的批评。华兹华斯因此获得了"大

---

① 卢梭：《论科学与艺术的复兴是否有助于使风俗日趋纯朴》，第 10、25—43 页。

② A. N. 怀特海：《科学与近代世界》，第 87 页。

③ 同上，第 96 页。

自然的祭司"之称。而布莱克那著名的诗句"一沙一世界,一花一天堂"则更是反映出浪漫主义对自然的看法。布莱克在另外一句诗中将近代科学评价为"牛顿之眠",其意在比喻牛顿物理学观察事物犹如井底之蛙以及牛顿自己对神秘主义的(不彻底的)脱离,而且,用原子和光粒子的想法来解释世界和人生是可笑的,牛顿对人类的影响就如"魔鬼"一般。

图示　布莱克绘画作品:《牛顿》

在这幅画中,面无表情的牛顿拿着现代科学的尺规在测量着世界。在另外一首诗《沙子》中,布莱克也表现出了对以牛顿为代表的现代科学的看法,"嘲笑吧,嘲笑吧,伏尔泰,卢梭,嘲笑吧,嘲笑吧,但一切徒劳,你们把沙子对风扔去,风又把沙子吹回。每粒沙都成了宝石,反映着神圣的光,吹回的沙子迷住了嘲笑的眼,却照亮了以色列的道路。德谟克利特的原子,牛顿的光粒子,都是红海岸边的沙子,那里闪耀着以色列的帐篷。"①

浪漫主义的科学批判运动,实际上源自近代科学的数学化和实验化特征所导致的在科学中人性的丧失。胡塞尔对此进行了评价,"在十九世纪后半叶,现代人让自己的整个世界观受实证科学支配,并迷惑于实证科学所造就的'繁荣'。这种独特现象意味着,现代人漫不经心地抹去了那

---

①　王佐良:《英国文学史》,商务印书馆 1996 年版,第 158 页。

些对于真正的人来说至关重要的问题。只见事实的科学造成了只见事实的人。公众的价值判断的转变，特别是在战后，已是不可避免的了……这种转变在年轻一代中简直发展成为一种敌对情绪。"实证科学排斥了"人生有无意义"这样的问题。① 于是，人生意义的问题则由近代人文主义和浪漫主义思潮继承和发展起来，并成为了科学主义思潮的对立面。

第二节　斯诺命题与两种文化的分裂

1956 年 10 月，斯诺在《新政治家》上发表了一篇名为《两种文化》的文章，他 1959 年在剑桥大学所做的里德演讲就是对这篇文章的扩展。斯诺指出，人类社会正日益面临着以科学家为代表的科学文化和以文学知识分子为代表的人文文化之间的分裂。这种分裂是全方位的，科学家与文学知识分子之间彼此无知，彼此蔑视，甚至老死不相往来。尽管在斯诺之前，人们开始认识到科学与人文之间的差别，但斯诺第一次非常明确地以这样一个命题的形式将这一问题提了出来，并引起了国际社会的极大反响，这除了斯诺所处的独特的历史背景之外，更与斯诺本人的经历相关。

一、游走于两种文化之间的斯诺

1905 年 10 月 15 日，斯诺出生于英国中部的莱斯特。斯诺家族的发展历史可以说是英格兰现代工业的缩影。其曾祖父约翰·斯诺 1801 年出生于德文郡的农村地区，他终生都是文盲，在工业革命之后移居伯明翰成为了一名发动机技工。祖父威廉·亨利·斯诺通过自学，当上了莱斯特有轨电车的领头工程师，在他的监督下莱斯特的交通经历了从马力到电力的变革。在斯诺看来，其祖父的身上集中体现了那个时代自强和自律的美德。斯诺的父亲是一名管风琴手，并最终成为了皇家管风琴团的成员。然而为了生存，他还是去了莱斯特一家制鞋厂当文书。在传统社会等级制度保存相对完整的英国，斯诺一家处于下层中产阶级和上层工人阶级之间。斯诺一家的经济状况并不是很好，与普通工人并无太大差别，但总算还有些结余，这使得斯诺可以去一所小私立学校学习，而不是

---

① 　埃德蒙德·胡塞尔：《欧洲科学危机和超验现象学》，第 5—6 页。

去地区寄宿学校上学。斯诺家庭的经济和政治地位使得斯诺终生持有强烈的阶级意识,这在他对两种文化的讨论,特别是里德演讲中,得到了充分的体现。

斯诺 11 岁时进入莱斯特的奥尔德曼·牛顿中学读书,这虽然并不是一个特别出色的学校,但斯诺再次接受了基础的科学教育。1923 年,斯诺顺利通过了中学科学考试。1925 年,他进入莱斯特学院学习化学和物理学,并于 1927 年和 1928 年分别获得化学初级学位和科学硕士学位。不过,这所学校所颁发的学位只是伦敦大学的校外学位。经过艰苦的个人奋斗,斯诺最终于 1928 年 10 月获得奖学金,进入剑桥大学基督学院攻读哲学博士学位。

此后,斯诺在卢瑟福领导的卡文迪什实验室工作,从事红外光谱领域的研究。1930 年 25 岁的斯诺被推选为基督学院的评议员。斯诺开始将科学视为其终身职业。但是,1932 年发生的一件事情改变了斯诺的人生方向。他与一位同事合作进行了有关人造维生素 A 的研究,而且他们确信自己已经找到了某种方法,所以将这一消息发布在了《自然》杂志上。但是,戏剧性的是,他们后来被证明是错误的,因此,他们又不得不向公众宣布撤销其成果。这给斯诺这样一个从社会底层历尽千辛万苦才进入科学研究圈子的下层科学家以沉重的打击。正如斯诺的弟弟所言,"当众出丑造成的创伤,使查尔斯无可挽回地脱离了科学研究。"①

斯诺在业余时间保持了对文学的爱好,特别是在 1925 年进入大学前的两年时间里,他利用在中学实验室当助手的机会,在图书馆阅读了大量的文学作品,特别是 19 世纪的欧洲小说。因此,当斯诺退出科学研究后,他开始写小说。1932 年,他发表了一篇侦探小说《船帆下的死》,1934 年发表了以一位年轻科学家为对象的长篇小说《探索》。这两篇小说都获得了好评,因此斯诺开始写作其系列长篇小说,最终在 1940 年到 1970 年间发表了 11 卷的小说《陌生人和兄弟》。这些小说产生了一定的影响,还被翻译成了多种文字。

若如此下去,斯诺也只能是一个不入流的科学家和二流的文学家。不过,第二次世界大战爆发后,斯诺独特的科学背景和文学背景为他提供

① 斯蒂芬·科里尼:《导言》,见 C. P. 斯诺:《两种文化》,第 14 页。

了帮助。第二次世界大战之前，科学研究的组织模式还是小科学式的，即科学家个人或少数几位科学家进行独立的科学研究，而且科学研究与社会现实之间也并无太紧密的关联。第二次世界大战爆发后，由于战争的需要，科学开始为军事目的服务，大科学的科研模式初具规模（"曼哈顿工程"就是一个典型的例子）。但是，在小科学传统下成长起来的科学家们，普遍缺少与政治打交道的经验，而传统的政府部门也缺少与科学界打交道的经验，于是，斯诺独特的学术经历使得他能够在政府部门的工作中如鱼得水。他的工作主要是负责招募和组织物理学家为战争服务。甚至到了 1964 年，他还出任了新成立的技术部的第二负责人，担任向上议院汇报技术问题的政府发言人，并获得了一个终身爵位。

查尔斯·珀西·斯诺(1905—1980)

英国物理化学家、小说家。第二次世界大战前后，曾在英国政府中担任重要职务。1957 年获得骑士爵位，1964 年被封为斯诺男爵。然而，时至今日，人们之所以记住斯诺，更多是因为他于 1959 年在剑桥大学举行的名为"两种文化"的演讲，这篇演讲开启了其后几十年学术界关于科学与人文两种文化之间的不断论争的序幕。

从斯诺的成长经历来看，有几点对两种文化命题的提出是非常关键的。第一，斯诺的科学和文学经历使得他接受了科学和人文两方面的训练，这使他能够对科学和人文的思维方式、对两个文化群体的学术和日常生活有一定的了解。按照斯诺本人的表述，"在很长的一段日子里，我是白天与科学家在一起工作，晚上则与一些文学同事在一起……正是由于我生活在这两个群体之中……使我在写文章之前的很长一段时间里，能一直思考这一我称之为'两种文化'的问题。"①斯诺独特的个人经历对于两种文化之分裂的提出是非常关键的，这也使得斯诺命题具有了高度的

---

① 　C. P. 斯诺：《两种文化》，第 2 页。

权威性。① 第二,斯诺代表了经过个人奋斗从底层进入学术界的那些社会下层阶级,而进入科学界是这些社会底层的惯常通道,因为传统教育培养出来的那些文化精英更多会选择古典文学等领域。这样我们就可以理解斯诺在里德演讲中一方面所持的某种形式的科学主义和对古典文学的批判,另一方面他对工业革命解决贫富差距问题的期望。

二、科学与人文:距离最遥远的两极

总体而言,斯诺命题指出了科学文化与人文文化之间的分裂。具体来说,这一命题又分为几个层面:两种文化的分裂,特别是作为天生卢德派的文学知识分子对工业革命的抵制;纯粹科学与应用科学的分裂,但这种分裂远未达到前一分裂的程度;工业革命是人类的未来,也是消除富国与穷国差距的关键。

(一) 两种文化的分裂

如果有人问,世界上最遥远的距离是什么? 不同的人从不同的立场出发,可能会得出不同的结论。斯诺为我们提供的答案是:世界上存在着两群人,这些人"才智接近、种族相同、社会出身差别不大、收入相差不多,但却几乎没有沟通"。这两群人就是科学家和文学知识分子,他们活动的物理空间相隔并不远,或许就像是柏林顿馆或南肯辛顿到切尔西之间只有几个街区的空间距离。甚至完全可以存在这样的情况,某一物理学实验室,隔壁就是文学系莎士比亚文学研究所。这在物理上的一堵墙的空间距离,实际上却要比"几千英里的大西洋"还要遥远,因为穿过大西洋之后,人们会发现格林尼治村与切尔西说着一样的语言,但是他们却听不懂麻省理工学院内科学家们所说的哪怕一个字,仿佛科学家们讲的是他们无法理解的藏语。这种分裂并不是某一特定的、局部空间下的产物,而是整个西方社会的普遍问题。

两种文化的分裂表现在以下几个方面。

第一,科学家与文学知识分子之间存在着无法理解的鸿沟,他们甚至

---

① 斯诺说:"按照学历,我是一个科学家,按照职业,我是一个作家。这就是我的全部。""正是这些可能只是偶然的情况造成的经历,使我有资格研究这一课题。"参见 C. P. 斯诺:《两种文化》,第 1 页。

都无法读懂彼此的语言。斯诺在演讲中举了一个例子，1890 年左右，在圣约翰学院或者三一学院，"史密斯……用愉快的牛津方式与周围的人交谈，而这些人却对他反应冷淡"。面对史密斯的闲聊，对方低声咕哝几句，甚至令史密斯大吃一惊的是，其中的一个人对另外一个说，"你知道他在说什么吗？""我一句也听不懂。"这样的场景让史密斯颇感尴尬，这时校长出来打圆场，"哦，他们是数学家！我们从不跟他们谈话。"科学家与人文知识分子之间的隔阂竟到如此程度，以致彼此无法听懂对方的语言，就像斯诺所言，他们成了操着不同语言的人。

第二，两个群体之间的不理解源自他们彼此间的无知。科学家很少关注传统文化，他们中间几乎没有人读过莎士比亚的作品，甚至可以说，科学家很少读书，即使读书，种类也很少。那些对大多数文学人士来说犹如必不可少的面包和黄油的小说、历史、诗歌、戏剧等，对他们来说什么都不是。而文学知识分子对科学的无知则更加惊人。他们似乎认为科学对自然秩序的探索是与他们无关的，它们甚至不能被称作人类智慧的集体创造。因此，他们对科学家不屑一顾，斯诺曾以"热力学第二定律"为问题来考察这些人的科学素养，结果没人知道，而且他们对这类问题的态度非常消极，甚至抵制。有时，这使斯诺觉得可能是自己的问题太难了，所以他又换了一些更为简单的问题如质量或者加速度的含义，结果仍然令人失望，甚至，斯诺的朋友会把这些问题当作斯诺"极没品位"的表现。斯诺不禁感叹："现代物理学的大厦已经建立起来，而西方世界的大多数最聪明的人对它的认识和他们新石器时期的祖先相差无几。"[①]

第三，彼此的无知导致了彼此态度的无畏，这两类群体都对自己的文化抱有强烈的自豪感，而对对方则采取蔑视甚至敌视的姿态。这种偏见根深蒂固。在非科学人士看来，科学家大都非常"傲慢"，且"爱吹牛"，更深层的，科学家都是"浅薄的乐观主义者"，他们并不了解人类的真实状况。科学家们总是会认为，只要依靠科学，一切问题都可以解决，即便目前为止没有解决，这也只是说目前没办法解决，等科学发展到一定程度肯定可以解决。在科学家看来，他们科研工作的一个重要结果就是物质条件和社会环境的改善，而这种辛苦劳作却遭到了文学知识分子的批驳，因

---

① C. P. 斯诺：《两种文化》，第 3、13—14 页。

此,科学家认为他们都是缺乏远见之人,对利用科学改善同胞福祉的工作毫不关心;从根本上来说,文学是反知识的,因为它只会把"艺术和思想限制在有限的时空"中。①

两种文化的分裂会带来严重的后果,斯诺指出:"存在两种不能交流或不交流的文化是件危险的事情。在这样一个科学能决定我们大多数人生死命运的时代,从实际的角度来看也是危险的。科学家能出坏主意,而决策者却不能分清好的或坏的。另一方面,处于一个分裂的文化中的科学家所提供的知识有些只有他们自己懂。所有这些都使政治程序更复杂,并且在某些方面更危险,这或者是为了能避免灾难,或者是为了实现一种可以确定的社会希望——这是对我们良心和善意的挑战。"②

(二) 人文文化、纯粹科学与应用科学

科学文化与人文文化之间的分裂是斯诺命题的最核心的内容。不过,斯诺将科学文化又进行了细分,将之分为纯粹科学和应用科学。这实际上是与斯诺本人的社会经历以及他对人类未来命运的反思相关的。

首先看一下文学知识分子对应用科学的态度。斯诺指出,涉及应用科学以及与之相关的工业革命,文学知识分子根本都没打算尝试着去理解它,更不用说接受它了。"知识分子,特别是文学知识分子,是天然的卢德派。"③非科学知识分子特别是文学知识分子对应用科学似乎带有抵触情绪,他们对工业生产的过程丝毫不了解,甚至都不知道什么叫机床,在他们看来,"工业生产"就像是"巫术一样神秘"。斯诺甚至打赌说,即便是刚从剑桥艺术学院毕业的学生,能够对人类机体的组织结构略知一二的也绝对不超过十分之一。除了专业的技术问题之外,文学人士对工业生产的组织结构也是不甚了了,根本而言还是源自他们对现代工业生产的无知。

那么,纯粹科学家对应用科学持什么态度呢?尽管纯粹科学与应用科学,从根本上而言都可以归属于相同的科学文化,但它们之间的差距还是非常大的。从组织结构上看,应用科学家或者工程师都生活在一个有

---

① C. P. 斯诺:《两种文化》,第5页。
② 同上,第83—84页。
③ 同上,第19页。

组织、有纪律的共同体之中,不管作为个体的工程师性格如何怪异,但作为整体他们绝对会对外呈现出守纪律的形象;而科学家的组织和活动则松散得多。从政治立场上看,科学家在政治上持中间偏左立场的比例,要远远高于其他的社会群体,而工程师则无一例外都是保守派。从知识层面上看,纯粹科学家对应用科学大多持蔑视态度。他们对应用问题毫无兴趣,而且认为应用问题比纯科学问题要低一等,应用科学是二流头脑的职业,甚至斯诺年轻时也认为:"我们是为我们所从事的科学无丝毫的实用价值而感到骄傲。我们越这么认为,就越觉得高人一等。"①至于科学的社会应用,在这种传统科学观看来,那就更不是科学的目的了。

文学知识分子和科学家对应用科学的这种贬低性姿态,决定了他们对工业革命的态度。

(三)工业化是人类未来的希望

斯诺所谓的工业革命是指"机器的逐渐使用、工厂雇佣男女工人、国家由农业人口占大多数转向工人和销售人员占大多数"②。而科学革命则是指科学在工业中的应用,按照斯诺的界定,它最早开始于 20 世纪 20 年代,是以电子、原子能、自动化工业社会为标志的。

工业革命是自农业革命以来人类社会最大的一次社会变革,然而,对于这样一种变革,"传统文化没有注意到,或者即使注意到也不喜欢它所看到的改变"。尽管工业革命为我们创造了大量的财富,为我们带来了生活条件的巨大改善,但是人类的步伐越是前进,传统文化离人类就越远。传统文人似乎认为自己是远离工业革命的,耶稣教长老科里在谈到火车时说:"这对上帝和我都是一件同样不愉快的事情。"③

为传统文化所蔑视的这种工业革命,却是我们社会发展的一条"真理"。工业化是穷人的唯一希望。工业化为我们带来了更美好的生活——健康、食物和教育,而这些在工业革命之前,都是穷人所无法想象的。因此,穷人对工业革命持坚定的欢迎态度,"任何一个国家,只要有机会,一旦工厂能接纳他们,穷人就会离开土地而走进工厂。"④

---

① C. P. 斯诺:《两种文化》,第 27 页。
② 同上,第 25 页。
③ 同上,第 21—22 页。
④ 同上,第 23 页。

　　而科学革命则是一场新的工业革命,在这场革命中,变革不再是来自发明家的奇思异想,而是来自科学在工业中的真正应用,这是一场真正的变革。这场革命不仅带来了生产技术的改革,原子能、自动化装置开始进入生产领域,而且也带来了工业生产组织形式的改革。只有这样一场变革才能够被称为科学革命①。

(四) 工业化与贫富差距

　　斯诺看到了世界范围内的贫富差距,就斯诺的社会出身而言,他对穷人带有一种天然的同情心。工业化确实带来了社会财富的增加,但这种增加仅限于发达国家。"工业化国家的人们越来越富,而非工业化国家的人们充其量只不过是维持现状。所以工业化国家与其他国家之间的差距每天都在加大。从世界范围上讲,这就是富国与穷国之间的差距。"②工业化的国家主要包括美国、白人英联邦国家、英国、大多数欧洲国家和苏联,中国处于富国和穷国之间,其他国家则是贫穷国家。工业化给富裕国家带来了充足的食物、延长的寿命和较少的体力劳动,而穷国则恰恰相反。

　　那么如何改变世界范围内的贫富差距呢?斯诺认为,这个问题既很简单,又很困难。说其简单,是因为贫穷国家一旦注意到贫富差距的原因,那么只要他们对症下药,就可以进入富国的行列。斯诺以中国为例说明这一点:中国经过教育体制改革,建立了完整的教育体系,10 年内已经开始慢慢脱离穷国的行列了。只要穷国掌握了这一"简单概念",在 10 到20 年内就会发生翻天覆地的变化,而且"他们有很好的机会做到这点"。③ 所有的民族都是平等的,都是一样的,在关于科学的理解上并不存在差异,因此,对所有国家而言,只要努力都可以实现工业化。

　　说其困难,是因为工业化是一个复杂的系统工程,它需要各方面因素的共同努力。首先,世界范围内的科学革命需要各种形式的资本,包括机器设备,而单靠穷国本身是无法积累这些资本的。那么这就需要外界的援助,这些援助只能够来自当时的超级大国美国和苏联,而且两个国家必

---

　　① 这里的科学革命与科学哲学家们所说的并不是一回事。科学革命的一个最基本界定,可参见托马斯·库恩的《科学革命的结构》(金吾伦、胡新和译,北京大学出版社 2003 年版)。

　　② C. P. 斯诺:《两种文化》,第 35 页。

　　③ 同上,第 35—36 页。

须联合起来为缩小世界范围内的贫富差距共同努力，单靠美国或者苏联单个国家的力量，这一事业是无法实现的。第二，世界范围内的工业化需要大量的人力，这种人力必须靠美国和英国等国家的支援。例如，如果美国和英国政府试图帮助印度实现类似于中国的工业化，那么，这将需要大约一万到两万名工程师，这是一项庞大的计划。对工程师的培养包括两方面，一方面是培养其科学和技术技能，另一方面是"教会他们怎么做人"，即摆脱早期西方人进入东方世界时的家长作风，平等看待亚非人民。对于科学家这样一个更为民主的群体而言，这并不是难题。第三，除资本和国外援助外，还有一个非常重要的因素就是教育。穷国应该对自己国家的教育体制进行改革，以中国为例，中国在"10 年内改变了其大学并新建了非常多的院校以至于现在几乎不需要外国的科学家和工程师"[①]，因此，只要英国和美国提供足够的科学教师和必要的英语教师，其他穷国在20 年内也可以达到中国的水平。

斯诺的这一设想在政治上略显幼稚，有人也曾以此质疑斯诺，斯诺的回答确实也有些悲观，"我看不到能够将西方人正直善良的才能付诸行动的政治途径。我们所能做的，最多就是发发牢骚。"但斯诺认为，这绝对是我们应该做的事情，"如果我们不这么做，共产主义国家总有一天会这样做"，那么，"我们可能既在实践上也在道义上遭到失败"。[②]

综合而言，斯诺命题或者两种文化命题包含以下几个层面：

（1）知识层面，科学文化与人文文化之间的分裂，科学文化内部纯粹科学与应用科学之间的分裂；

（2）社会生活层面，科学家与知识分子、纯粹科学家与应用科学家之间的误解与抵触；

（3）社会发展层面，人文知识分子与纯粹科学家对工业革命漠不关心；

（4）人类命运层面，工业化带来的世界范围内的贫富差距。

---

① C. P. 斯诺：《两种文化》，第 4 页。斯诺这里指的是中华人民共和国成立后在全国范围内进行的院系调整。

② 同上，第 42 页。

第三节　斯诺命题的反思

两种文化的命题提出后,各方反应不一,有人认为斯诺夸大其词,而现实中根本不存在科学文化与人文文化的分裂或者两种文化的分裂并没有达到斯诺所言的程度,另一种观点则认同斯诺,并认为两种文化的分裂会带来严重后果。

一、对待斯诺命题的两种态度

(一) 反对者

斯诺命题所遭受的批评,主要有以下几个方面。

1. 科学家与人文学者对彼此知识的缺乏,并不代表两种文化的分裂

斯诺在书中着重从知识层面考察了科学与人文之间的分裂,这主要表现在:科学家并不懂得多少文学知识,例如,科学家大多都没有读过莎士比亚的著作,而人文学者则不懂科学,因为他们并不知道热力学第二定律等科学内容,甚至对于质量等概念也缺乏明确认识。批评者认为,知识仅仅是科学文化和人文文化的一个具体方面,能否了解这些知识,在一定程度上取决于个人的职业和兴趣。而且,在学科分化日益严重的今天,即便是科学家也不可能全部对热力学第二定律的来龙去脉和科学地位做出准确判断,而即便是人文学者,也不可能人人都读过莎士比亚。

实际上,科学家和人文学者彼此作为非专业人士,对彼此的了解与其停留在知识层面,倒不如推进到学科精神方面。就如一位科学家,即便他有一定的文学和艺术修养,但却并未认识到人文的精神境界,并未体会到对人类命运的终极关怀,那么他仍然难以成为一位拥有人文精神的科学家;而一位人文学者,即便懂得一定的科学知识,但却无法认识到科学之求真精神与科学之求实态度,那么他也很难称得上具有了科学精神。因此,科学家与人文学者更重要的应该是在彼此的学科精神上对话,而不仅仅是在知识层面上。

2. 斯诺的论证并不严谨

斯诺在演讲中首先讨论了科学家与人文学者之间的分裂,接着又将问题转变为了"科学文化"与"传统文化"之间的争论,然而,他却并没有对

文化进行明确的界定,而只是简单地说,"科学文化确实是一种文化,不仅是智力意义上的文化,也是人类学意义上的文化"。而这种人类学意义上的文化则更多是指科学家们"共同的态度、共同的行为准则和模式、共同的方法和设想"。我们可以将科学家的这些共同之处归结为科学精神,斯诺尽管承认了文化的差异,但实际上更多则是在知识层面上讨论两种文化的分裂。在后来的文章中,斯诺又说:"对我自己来说,我相信文化一词仍然是合适的,有头脑的人都会领会它的正确含义。"①斯诺也举了大量的例子来表明科学文化与人文文化或者传统文化之间的分裂,如此看来,一部科学发展史似乎就是科学与作为非科学甚至反科学阵营的传统精英文化和贵族文化的斗争史。这显然与历史不符,因为即便是科学史上的很多重要科学家,他们也都具有很高的人文修养,而人文学者中相当一部分人也非常关心科学的进展。

3. 人文知识分子是天生的卢德派?

斯诺将人文知识分子批判为天生的卢德派,他们对人类的未来社会缺少信心,甚至并不关心人类的未来;人文知识分子不仅在政治上是愚蠢的,而且也不怀好意。相对于积极向上的科学文化而言,人文文化无法提高人类生活的物质条件,它仅仅是物质文化得以满足之后的附加物。而人类最重要的任务就是利用科学和技术来提高生产效率,改善卫生条件,有效分配资源和财富,从而实现人类的共同富裕。

实际上,斯诺所认为的人文知识分子,在历史上几乎并不存在,即便是科学的一些批评人士,他们也并不是为反对科学而反对科学。他们反对的是以科学所塑造的抽象世界取代人类的经验的直观世界,反对以科学所推行的量化管理方式来掌控社会。总之,在人文知识分子看来,科学并不是全部,除科学之外,尚有更美好的价值值得人类去追求。

4. 斯诺只说出了解决方案的一部分

斯诺认为解决两种文化的方案主要在于教育。教育确实是融合两种文化的有效途径,但是,他所认为的教育主要是推行和强化科学教育,从而使将来的人文学者具有更多的科学素养。实际上,科学家的人文素养在一定程度上是更重要的。因为科学家和技术专家的技术成就往往会给

---

① C. P. 斯诺:《两种文化》,第 53 页。

人类社会带来命运性转折,而科学家如果忽视技术的社会后果和伦理后果,那么,这种转折可能会是灾难性的。

此外,对与两种文化相关的一个命题即世界范围内的贫富分化问题,斯诺的解决办法也并不可行。作为一个社会改良论者,斯诺将贫富问题的解决寄希望于苏联和美国两个超级大国的帮助,这在根本上是不可行的,因为国际交往的准则从来就不是人道和伦理,而是利益。任何国家的发展只能靠自己。

总之,批评者认为,斯诺命题在概念上模糊不清,在现实上并无太多历史依据,在解决方案上也并不可行。因此,与其说斯诺设想了两种文化的未来图景,倒不如说他提出了人类社会的一个重要问题,即科学与人文关系的问题。

(二) 支持者

当然,也有很多学者认为斯诺确实表达出了我们这个时代科学文化与人文文化之间的分裂。斯诺本人在后来的文章中也表示,读者来信中的相当一部分表明了对他的支持,尽管这种支持大部分来自英国之外,甚至是他此前根本没听说过的国家。这也成为人们对斯诺命题的主流态度。当然,人们对斯诺命题的关注主要还是集中在它的知识内涵,即自然科学及其所代表的自然科学文化与人文科学及其所代表的人文文化之间的分裂。这种分裂表现在以下几个方面。

(1) 研究目标的差异:科学以求"真"为目标,所对应的是事实领域,其终极目的在于描绘自然界的真实运行过程,在这种认识的基础上,科学转化为行动力量,从而改造自然,造福人类;而人文则以求"善"、求"美"为目标,它所对应的是价值领域,其目的在于认识、反思人类社会的善与美,从人性、文化和制度等层面引导人们追求一种更美好的生活和更完善的制度。

(2) 使用语言的差异:自然科学所使用的语言带有非常强的形式化特征,其原因就在于形式化的语言具有高准确性、弱歧义性的特点,这使得自然科学更能够胜任对自然进行说明的任务。同时,自然科学语言也具有非常强的人工特征,例如,物理学中某些概念如"力""能量"等都具有非常特殊的含义,这与我们日常生活中所讲的"力"与"能量"有着非常大的差别。再如 H_2O 在化学中所代表的水的含义与生活中人们所说的水的含义也是非常不同的，这也就强化了自然科学的边界性，使得非专业人士非常难以进入其学科边界之内。而人文科学则通常使用自然语言，它与自然科学的数学语言有着天壤之别，即便是人文学科中的某些抽象概念，在经过基本的解释和学习后也大都可以为人们所理解。

（3）研究对象的差异：科学以自然（包括作为自然对象而存在的人体）为研究对象，而且这种自然是被数学化的语言所抽象的自然，于是，自然就成为了抽象的形式化自然；而人文的研究对象则集中于人类社会，更关注人类社会中的价值、美等感性领域，即便当人们以人文视角看待自然时，人们所看到的也仅仅是直观的、经验的自然，而非被数学化的抽象自然。

（4）思维方式的差异：从古希腊以来，自然科学就以追求简单为最终目的。这种简单性，或者被认为是毕达哥拉斯主义或柏拉图主义的延续，或者被视为上帝创造世界时所持的原则和方法，自从古希腊以来就支配了西方科学的发展，即便到了近代，哥白尼的日心说最初之所以被人们特别是数学家所接受，并不是基于它预言的准确性，因为与托勒密体系相比，它并不具有多少经验的优越性，而是基于其数学上的简单性。牛顿在其巨著《自然哲学之数学原理》中讨论了"哲学中的推理法则"，其中第一条就是简单性原则：为了"寻求自然事物的原因"，"哲学家们说，自然不做徒劳的事，解释多了白费口舌，意简意赅才见真谛；因为自然喜欢简单性，不会响应于多余原因的侈谈"。[①] 爱因斯坦也认为自己是"唯理论"的信仰者，坚持将"数学的简单性"视为"真理的唯一可靠源泉"，他说："逻辑简单的东西，当然不一定就是物理上真实的东西。但是，物理上真实的东西一定是逻辑上简单的东西，也就是说，它在基础上具有统一性。"[②]爱因斯坦终生追求的统一场论可以说是这一形而上学原则的体现。而人文在很多时候恰恰相反，人文研究往往会在简单中发现复杂，在人文的世界中，世界被描述得非常细致、微妙而又多变，这与科学对外界世界的描述以求真为目的完全不一样。人文，特别是文学作品，更注重人类的内心世界，

---

① 伊萨克·牛顿：《自然哲学之数学原理》，王迪克译，陕西人民出版社 2001 年版，第 447页。

② 爱因斯坦：《爱因斯坦文集》（第 1 卷），第 380 页。

他们眼中的自然和世界，渗透着主体的情感、观点、态度和价值倾向，这与自然科学尽量排除主体因素完全相反。如当下的某些文学作品或者影视作品中，小概率事件不断发生，就是为了营造曲折、离奇的故事情节，而那些在真实生活中很简单就可以解释清楚的矛盾，在这些作品中也不断被强化，并且是在多重的误会之后最终才得以澄清，这同样也是为了营造一种既源于现实又脱离现实的故事氛围，从而吸引人们的关注。根本而言，科学与人文在思维方式上的简单性与复杂性的区别，来自其研究对象与研究工具之间的差别。

因此，科学与人文之间从知识层面来看，确实是有很大差异的。于是，斯诺之后，很多人都试图寻求融合两种文化的途径。爱丁堡的几位社会学家就是其中之一，我们将会在第二章中进行详细考察。

二、斯诺命题的意识形态解读

伦敦帝国学院科学技术史教授大卫·艾杰顿为我们提供了针对斯诺命题及其反响的另外一种解读。艾杰顿教授认为，在斯诺发表"两种文化与科学革命"的演讲后，人们的注意力被错误地引导到了如何融合两种文化上，即两种文化的分裂在斯诺之后成为了一个有待解决的问题，而其本身不再是一个值得反思的问题。艾杰顿认为，这恰恰是因为人们并没有用历史分析的视角来看待斯诺命题，以致斯诺命题本身的反历史倾向导致了研究者历史分析视角的缺失。

艾杰顿采取了一个与众不同的视角对斯诺命题进行了批判，挖掘出了斯诺命题之所以在英国能够得到如此关注的意识形态原因和历史背景。艾杰顿的批评包含以下方面。

1. 概念界定过于狭隘，并存在矛盾

斯诺所认为的两种文化主要是科学文化和人文文化。在斯诺看来，科学文化的最佳代表群体就是物理学家，基于数据的调查，斯诺指出，物理学家们的生活和工作中几乎没有什么艺术成分，唯一例外的就是音乐，而且他们也很少阅读文化书籍。艾杰顿认为，将物理学家等同于科学家，就等于忽略了其他学科的科学家，同时，斯诺对物理学家文化生活的描绘也是不恰当的，很多物理学家同样具有较高的文化修养。另一方面，人文文化或者传统文化的代表是文学知识分子，这种等同也太过狭隘，因为它

同样忽视了其他诸多的人文知识分子如哲学家、经济学家、历史学家、律师、神职人员等。这种狭隘的概念界定，弱化了斯诺对两种文化对立的讨论。

同时，斯诺的论述中存在矛盾之处。例如，斯诺一会指出，科学家和人文学者在出身等方面并无太大差别，一会又说与其他学科相比，科学家大多出身低微。这代表了斯诺的逻辑混乱。艾杰顿用统计数据表明，事实并不如斯诺所言，而且，在当时，科学家从业人数的增加实际上超过了人文艺术学生的增长速度。

2. 斯诺的科学主义态度

艾杰顿指出了斯诺科学主义态度的另外层面。一方面，斯诺对两种文化的解决方案体现出了他对科学的极致推崇。这一解决方案体现在两方面：一是要扩大和强化科学技术方面的教育，特别是高等教育；二是要培养足够的具有科学素养的政治家、行政官员乃至全社会的普通公众，这样人们才能够理解科学家的所言所为。实际上，斯诺的解决方案就是扩展科学的地盘。

另一方面，艾杰顿指出，斯诺在谈到科学与政府关系时强调，如第二次世界大战中战略大轰炸这样的事件，作为一个非理性的信仰物，需要由非科学人士负责；而科学家的理性主义立场，能够使得他们做出正确的选择。因此，在斯诺的世界观中，具有反社会倾向的天生的卢德派分子，需要为这样的灾难负责。艾杰顿认为这是斯诺在为科学家们开脱责任。

3. 英国科技史的衰退主义描述

最重要的，艾杰顿将斯诺对英国科学历史与现状的考察定位为一种衰退主义描述，并进而考察了这种衰退主义描述之所以能够在英国被如此认真对待的原因。

斯诺通过对历史事实的选择性使用，例如对工业革命和科学革命的独特界定以及对电、化工产品等的忽略，塑造了英国科学和技术相对落后于苏联、美国和德国等国家的形象。他认为，这种落后主要是由英国专门化的教育制度和僵化的社会体制导致的，此外，传统人文文化对科学技术、工业革命的厌恶和批判性态度，也是英国科学技术落后的一个原因。

艾杰顿认为，斯诺对英国科学和技术的这种定位，根本就是"胡说"，其目的在于展现出英国科学落后或者说即便是有进步，但就进步速度而言仍然落后于其他国家的形象。艾杰顿指出,英国科学和技术在历史上不断进步,即便是从 1800 年到 1960 年,英国科技也一直是在相对发展的,他列举了法拉第、焦耳、开尔文勋爵等科学家,列举了英国科学促进会、万国博览会等科学组织或事件,意在表明英国科学并没有落后。此外,斯诺对英国与其他国家之间的对比也是错误的。艾杰顿指出,20 世纪 50 年代,英国科学界和工程类的毕业生,或许比美国和苏联少,但是并不少于法国、德国或日本。而且,英国的情形不仅没有强化科学与工程的分裂,相反英国的大学教育特别强调科学与工程的结合。就科学家与工程师的数量来说,20 世纪的大部分时间中,英国工程师的数量绝对要比科学家多,而且一直到 20 世纪 40 年代,剑桥大学的工学院也一直是全英国最大的。总体而言,英国不仅不是一个落后的国家,反而一直是 19 和 20 世纪的科技强国之一。

那么,斯诺对英国科学和技术这样一幅贬低性描述,为何反而会得到人们的重视呢?艾杰顿认为,斯诺的描述配合了英国主流意识形态的宣扬,即英国的科学技术已经落后,因此,社会应该加大力量,强化改革,推动对科学研究和科学教育的改革与投入,从而使英国重新成为科技强国。因此,斯诺对英国科技现状的贬低,实际上代表的是斯诺对科学和技术的热爱,他试图通过这种贬低来为英国科学和技术的发展寻求帮助,而英国的主流意识形态则正好通过夸大斯诺命题,从而刻意营造一种危机感。斯诺以及英国主流意识形态的这种塑造在一定程度上是成功的,其中的一个表现就是斯诺命题近几十年来不断被重新讨论,甚至最新版中还新加入了一个长篇幅的导论。①

艾杰顿的评价在一定程度上是非常中肯的。例如,斯诺本人的科学主义倾向在他的演讲中是非常明显的,斯诺对某些历史命题和历史事实的使用确实不严谨,某些概念也没有进行充分界定。但是,关于英国科学在 20 世纪的衰落,尽管艾杰顿并不认可,但也有很多观点认为,英国科学相对而言在世界范围内的地位在下降。巴比吉认为,英国科学确实在衰落,并指出这已经是一个社会共识,进而从教育、专业刺激、国家奖励、皇

---

① 艾杰顿对斯诺命题的解读,参见大卫·艾杰顿的《反历史的 C. P. Snow》(周任芸译,见吴嘉苓、傅大为、雷祥麟:《科技渴望社会》,群学出版有限公司 2004 年版),第 109—122 页。

家学会的现状、科研不端行为等角度进行了原因分析。[①] 日本学者汤浅光朝参考了 1956 年出版的《科学技术编年表》和 1951 年出版的两本《威伯斯特人物传记辞典》，对其中收集的 1501 年至 1950 年之间 2 064 项条目进行统计，在此基础上指出，如果一个国家的重要科学成果数量占全世界的 25％以上，那么就可以直接定位为科学兴盛。按此标准，科学活动的中心按以下次序在各个国家中转移：意大利（1540—1610）、英国（1660—1730）、法国（1770—1830）、德国（1810—1920）、美国（1920— ），每个国家的科学中心时间大约为 80 年。对于应用性的技术而言，英国虽然在第一次工业革命后领先世界，技术上的领先性为英国成为世界工厂提供了极大的动力，但是在第二次工业革命之后，英国开始慢慢落后，逐渐被德国和美国赶超。到 20 世纪中叶，英国的殖民体系开始崩溃，这代表了英国全方位的衰落。当然，英国的衰落并不代表英国的发展就陷入困境，或者科学技术开始落后，准确地说，应该是英国的发展速度以及在世界范围内重要指标的排名在下降。

本章小结

科学与人文之间的分裂是一个历史产物，它随着近代自然科学在知识和方法层面上的独立性不断增强，同时又随着自然科学在人类知识体系和社会制度中地位的不断提升而出现。两种文化的分裂，除表现为知识内涵、制度内涵之外，更重要地表现为丧失人性的科学和被祛魅的自然，这就使得人文精神的追求被排除在了科学研究之外。这种分裂是随着近代科学发展出了独特的数学和实验特征以及与之相伴随的机械论自然观而出现的。近代科学开始远离它得以产生的现实世界，越来越抽象化，科学以及作为科学研究对象的自然越来越丧失人性，而丧失的这部分则由近代人文主义和浪漫主义思潮继承下来，并成为科学主义的对立面。进入 20 世纪，各种反科学现象开始出现，它们或者从情感与意识形态，或者从学理层面对科学的真理地位、价值中立属性等进行批判。这种批判

---

① C. 巴比吉：《英国科学的衰落》，波碧译，《世界研究与开发报导》1990 年第 4 期，第 6—24 页。

就是我们下文所要考察的对象。

■ 思考题

1. 相较于古希腊时代，近代以来科学的内涵发生了哪些变化，这些变化又对科学与人文的关系产生了何种影响？

2. 谈谈你对斯诺命题的理解。

3. 当今时代，科学文化与人文文化之间是否仍然存在分裂？其原因何在？

■ 扩展阅读

1. 吴国盛.科学的历程.北京大学出版社,2002.

2. 卡尔·萨根.魔鬼出没的世界.李大光译.海南出版社,2010.

3. A. N. 怀特海.科学与近代世界.何钦译.商务印书馆,2012.

第二章　当代反科学运动

进入 20 世纪下半叶,对科学的反思思潮开始演变为系统的反科学运动。这种反科学运动的产生主要有几个原因:从现实层面来说,科学负面效应突显,特别在两次世界大战中,科学给人类所带来的危害以及科技产品的使用所带来的环境破坏、生态恶化和相关的伦理与法律问题,使人们开始反思科学和技术的发展是否需要某种限制;在科学观上,作为真理的科学已经无法获得完备的辩护,观察渗透理论,证据对理论的不充分决定性、不可通约性等命题已经摧毁了科学成为真理的可能性,在这种情况下,激进主义者干脆取消科学的客观性,试图将科学融入人文或社会因素之中;后现代主义思想的影响使得人们开始将阶级、性别、种族等政治因素和意识形态宣称强加到科学之上。在这些因素的影响下,一种以反对科学为己任的后现代主义开始发展起来。科学文化与人文文化之间的争论进入一个新的发展阶段。

第一节　光怪陆离的反科学现象

20 世纪下半叶,随着科学负面效应的突显,在全社会范围内出现了一种针对科学的消极运动,从认识论的角度看,这场运动在很大程度上表现出了其非主流的学术特征,但这一特征反而使它能够在普通公众中产生较大影响。

一、科学的终结

约翰·霍根是《科学美国人》的一位资深编辑和科学记者,1997 年,他出版了《科学的终结》一书,对科学提出了怀疑论式挑战。在本书的写作过程中,他走访了数十位杰出的科学家,其中包括史蒂芬·温伯格、罗杰·彭罗斯、史蒂芬·霍金、理查德·道金斯等科学大师,也采访了托马斯·库恩、卡尔·波普尔等科学哲学家,并与这些人讨论了各种各样的从微观到宏观的科学问题,如超弦、夸克、意识、社会达尔文主义、量子力学的哲学解释、生命起源问题、星际旅行问题等,甚至也就上帝、马克思的进步观、库恩的科学革命等进行了讨论。

美国科学记者,主要为《科学美国人》《纽约时报》等撰写科学类文章,曾获美国科学促进会的"科学新闻奖"和国家科学写作学会的"'社会中的科学'新闻奖",其文章曾获 2005 年、2006 年、2007 年"美国最佳科学和自然作品"奖。

约翰·霍根(1953—)

霍根"科学终结论"的核心问题是:科学,特别是纯科学是否有可能终结。霍根对这一问题的回答是肯定的,他说,"科学(尤其是纯科学)已经终结","伟大而又激动人心的科学发现时代已一去不复返了"。其副标题《在科学时代的暮色中审视知识的限度》也已表明了他的态度:科学已经终结。科学终结论的核心内容包括以下几点。

(一) 反讽的科学

科学的一个重要特征就是实证性,但是随着近几年来科学特别是理论科学的发展,科学正在日益丧失其实证性。在此意义上,霍根说,科学至少在重大思想的层面上已经终结。霍根指出,今天,那些在宇宙学、基础物理学和进化论领域中工作的科学家们,正在严重地欺骗自己。因为他们所进行的科学研究已经超出了实证性的范围,或者说,他们的科学仅仅是一种思辨,超出了任何经验证明的可能性。因此,他们所从事的不是真正的科学,而是反讽科学。反讽科学是科学研究领域的思辨性(常常是数学和理论物理学的)思想,其理论问题脱离了经验——实验或观察——的确证或反驳。在霍根的分析中,主要的例子是超弦理论。超弦理论目的在于试图对量子力学、早期的宇宙模式和进化史的某些内容进行一种简明易懂的说明,它被视为物理学统一理论的最有力选择之一。按照霍根的观点,这种科学正因为逃脱了波普式"证伪性",所以它肯定不是真正的科学,而仅仅是某种寓言性创造,类似于文学创作。人们可能对这种理论深感兴趣，也可能对这种理论的前景感到不安，但不管如何，它并不是真正的科学，因为它始终无法给出任何可以在经验层面上获得检验的预言，因此，它只能是一种反讽科学。如其所言，"反讽科学通过提出不可解的问题提醒我们：一切知识都是一知半解的认识，我们对世界的认识是多么可怜！但反讽科学却不能对知识本身作出任何实质性的贡献，因而它不同于传统意义上的科学，倒更像是文学批评或哲学。"①

（二）科学进步的终结与科学发展的限度

霍根认为，科学发展是有其限度的，而进步的观念则预设了一个"无止境的前沿"的存在，因此，当科学碰到其限度时，科学的进步也就终止了。实际上，进步的观念仅仅是一个历史的产物，它并不是一个永恒范畴。从罗马帝国时代到中世纪，大多数真理的追求者都有一种堕落论的历史观。到了近代，牛顿、培根、笛卡尔等人也坚信，科学知识是有限度的，因此人类能够获得关于世界的全部知识，在此之后，也就无进步可言了。实际上，进步的观念只是近代的产物，"只是随着达尔文的出现，才开始有部分知识分子对进步如痴如迷起来，以致于认为进步可能是——或应该是——'永恒的'"。② 这样一种观念，随着近代以来科学和技术发展中各种新奇设计如核武器、喷气式飞机、雷达、计算机等的出现，进而演变成了一种科学无限论的进步观。

然而，这种进步观遭遇双重失败。首先，从科学知识本身的层次而言，科学已经达到其鼎盛期，"科学已经不可能在已有认识的基础上，再增添什么意义重大的东西了。在未来的岁月，不会再有任何重大的新发现，足以与达尔文、爱因斯坦或沃森与克里克赐给我们的那些发现相媲美"。③ 这多么像一个世纪前人们对于物理学的态度，据说，当普朗克向其老师表示要献身于理论物理学时，老师劝他说："年轻人，物理学是一门已经完成了的科学，不会再有多大的发展了，将一生献给这门学科，太可惜了。"④然而，正是开尔文勋爵口中的"两朵乌云"，引发了 20 世纪物理学的极大发展。

---

① 约翰·霍根：《科学的终结：在科学时代的暮色中审视知识的限度》，孙雍君等译，远方出版社 1997 年版，第 41 页。

② 同上，第 31 页。

③ 同上，第 24 页。

④ 吴国盛：《科学的历程》，北京大学出版社 2002 年版，第 427 页。

霍根的断言会不会也有这样的结局呢？我们只能等历史来说话了。第二，科学的无限进步的观点正遭到社会、政治和经济力量的抛弃。第二次世界大战后，基础研究的主要力量是美国和苏联，但随着冷战的结束，两者基础研究的动力消失了，两个国家正慢慢失去对基础研究的兴趣，而将其更多的精力投放到对科学技术负面效应的关注中。从经济层面而言，科学的发展现在正面临着收益递减的现状，霍根援引生物学家、美国科学促进会主席格拉斯的话指出：过去随着科学获得的资助越来越多，科学也在加速发展，但是这种发展不可能一直持续下去，而且，就目前来看，科学发现的速度与科研人员和资金按指数增长的速度并不相称，科学开始进入收益递减阶段。进而，如果科学所获得的资助一直以上世纪早期的速度增长下去，科学很快就会耗尽工业化世纪的全部预算，美国超级对撞机项目被取消，就是科学有限论的体现。因此，霍根赞同格拉斯的观点，"科学不仅是有限的，而且'死期已至'。"霍根认为格拉斯的这一断言呼应了20世纪初期斯宾格勒在《西方的没落》中关于科学终结的预言。

霍根似乎唱响了一首科学的挽歌：科学，这曾经是古希腊诸神的神圣事业，现在已经陷入停顿，它身上所有的光辉都已褪去，此后它将暗淡无光。在霍根看来，科学家只不过在用那些问题愚弄自己罢了。我们永远无法搞清宇宙创生之前究竟存在些什么，也难以确立知觉究竟是如何起源的，或在已知的物理规律之外，还存在哪些支配世界的法则。这些问题已经超出了科学所能探索的范围。于是，科学不可避免地在走向"终结"。

该书激起了科学家们的公愤，他们对其进行了猛烈的抨击。物理学家莱维特指出了这本书的许多常识性错误。然而《社会文本》的副主编罗宾斯，在一篇为其发表索卡尔诈文的失误而寻找借口的文章中，却把霍根称为量子力学的权威之一。

霍根确实选择了一个博人眼球的话题，但他对这一话题的讨论却是错误的。他对当代科学发展的讥讽与故作姿态的怀疑态度，实际上一方面表现了某些知识分子普遍的焦躁情绪，另一方面也表现了这些知识分子对科学的态度，如果不能说是心怀敌意的话，那起码也是充满矛盾的。这些知识分子通过其犀利的文风和出人意料的观点，对科学进行诋毁，并极大地影响了大众文化。这些人大多处于学术界的边缘，属于学术界的非学术人和非学术界的学术人，并且大多具有后现代主义背景，因此他们在与科学相关的研究领域并不受欢迎,对科学的敌意也就由此而生。但是,他们的著作却产生了广泛的社会影响,《科学》杂志的书评编辑利文斯通就对霍根赞赏有加,并对后现代主义否定科学的真理地位持赞赏态度,这导致了众多科学家对《科学》杂志的不满与抗议,并最终导致利文斯通被辞退。

二、作为大众运动的反科学现象

自 20 世纪 70 年代开始,西方后现代主义打着政治上正确(political correctness)的旗号,对科学及其所代表的理性精神从意识形态上大加批判,引领了作为大众运动的反科学思潮。

(一)"为人民的科学"运动与"来自地狱的国际妇女恐怖阴谋联盟"

20 世纪 70 年代,在美国的战后文化中出现了一个名为"为人民的科学"(Science for the People)的左翼组织,其成员包括大学教授、学生、工人和其他相关民众,目的在于反对伪科学以及对科学的误用,揭露科学的阴谋和意识形态特征。这一组织往往采取非常极端的举措,引起了极大的争议。《科学》杂志描述了这一基金组织对 1971 年在芝加哥召开的美国科学促进会年会的破坏:由于担心参会人员会受到某些年轻的激进人员的"控诉和攻击",年会主席西博格提醒大家赶紧离开会议厅;美国"氢弹之父"爱德华·泰勒在两名保镖的保护下,却还是受到了多次攻击;一位生物学家的夫人加勒特·哈丁女士最终难忍愤怒,用她的织针狠命地戳了一名激进分子。以"为人民的科学"运动为代表的反科学组织对科学界人士进行了猛烈的批评,例如,国际科学联合会主席菲利普·汉德尔就被指责为"统治阶级的走狗"。"来自地狱的国际妇女恐怖阴谋联盟"(Women's International Terrorist Conspiracy from Hell)明确声称,美国科学促进会是魔法学会,科学和技术都是虚假的,任何利用科学和技术的人都会受到这一组织的谴责和攻击。

在西方世界中,反科学、左派立场获得了相当一部分极端主义者的支持,日益壮大,开始影响和渗透到社会的方方面面。

(二)反科学运动的社会影响

各种反科学现象,通过教育、传媒等方式对大众文化各方面产生了消极的影响,导致政府和私人机构对科学研究资助力度减小,进而导致公众对科学的兴趣锐减。于是,科学教育开始在宗教和种族团体的威胁下退缩,后者所钟爱的神话慢慢渗入到教育之中。而这些又被新闻和传媒扩大,科学的形象进一步被歪曲。

反科学运动不仅影响教育内容的设置,而且还直接采取粗暴手段破坏正常的教育秩序。美国哥伦比亚大学哲学教授大卫·阿尔伯特描述了他亲身经历的几场反科学运动。1997年,语言学家乔姆斯基在麻省理工学院进行了一次演讲,阿尔伯特参加了这次活动。在演讲过程中,有听众对乔姆斯基不断进行攻击,例如,批判乔姆斯基的演讲逻辑性太强,使用了太多的假说和证据,缺乏情感描述,因此,其"科学风格"使得演讲毫无价值。数周后,一本无政府主义杂志的某位编辑发文批评乔姆斯基:一方面,乔姆斯基沉溺于"西方科学和技术的拘缚",另一方面他却又受到了科学家的热烈欢迎,其思想已经完全被神化,因此,人们应该带着怀疑的态度去批判乔姆斯基的著作。

各种反科学运动甚嚣尘上,各种反科学思想充斥媒体,这些都导致了人们对科学的怀疑,而这种怀疑却是建立在对科学的不了解甚至误解之上的。1991年,美国总统顾问向国会提交的报告指出,在作为调查对象的成年人中,一半人不知道地球绕太阳运行一周需要一年时间。美国某些中学的教育也存在问题,有几乎30%的中学甚至从来没有开过物理课。其他的调查报告显示,按照一般的标准,掌握一定科学知识、具备一定科学素养的美国成年人比例不到7%,而只有13%达到了理解科学的最低标准,甚至有40%的人认为占星术是某种形式的科学。①

当然,这些反科学运动是在后现代主义科学哲学盛行的西方文化中,在欧美反科学权威、反思科学价值的社会背景中发展起来的,因此,我们更需要考察其文化和学术背景。实际上,在学术界,特别是科学哲学和科学社会学界,从20世纪70年代开始,也蔓延着一股反科学的思潮,这就是社会建构主义及其相关的扩展性研究。

---

① 杰拉尔德·霍尔顿:《科学与反科学》,范岱年、陈养惠译,江西教育出版社1999年版,第186页。

第二节　社会建构主义与反科学运动

社会建构主义是从 20 世纪 70 年代开始发展起来的一种反科学思潮。与前一节所讨论的反科学运动相比,社会建构主义具有更为深刻的文化原因和更为扎实的哲学根基。这种哲学根基主要在于科学哲学传统中对理论与证据关系的反思以及库恩所开创的历史主义科学哲学取向。实际上,库恩的科学哲学已经开启了科学相对主义的道路。

一、库恩:科学的谋杀者还是再生者?

在库恩之前,传统观点认为,科学是以追求真理为目标的合理事业,进而就是一种累积的、进步性的事业。但是,库恩改变了以往哲学家们以事实或证据为标准评价科学的做法,开始将科学的标准转向理论。

托马斯·库恩(1922—1996)

美国著名科学哲学家、科学史家,历史主义科学哲学的重要代表人物,1949 年于哈佛大学获得物理学博士学位,而后开始转向科学史和科学哲学领域,其主要著作有《哥白尼革命》《科学革命的结构》《必要的张力》。

库恩工作的核心在于其《科学革命的结构》一书中的两个概念,即范式(paradigm)和不可通约性(incommensurability)。库恩用范式指代某种重大的科学成就,这些成就具有以下两个特征:"空前地吸引一批坚定的拥护者,使他们脱离科学活动的其他竞争模式",而且"这些成就又足以为重新组成的一批实践者留下有待解决的种种问题"。不过,在《科学革命的结构》一书中,库恩对范式的使用非常混乱,以至玛格丽特·玛斯特曼从库恩的书中总结出了 3 大类 21 种用法。面对人们的批判,库恩后来又对范式进行了进一步澄清,"一方面,它代表着一个特定共同体的成员所共有的信念、价值、技术等等构成的整体。另一方面,它指谓着那个整体的一种元素,即具体的谜题解答,把它们当作模型和范例,可以取代明

43

确的规则以作为常规科学中其他谜题解答的基础。"①简单而言,范式为共同体提供了一种世界观。

在范式的基础上,库恩提出了不可通约性的概念。按照库恩的解释,不可通约性可以分为三个层面。第一,不同的科学共同体之间,科学问题的标准或定义不同。也就是说,不同的科学共同体对于科学问题的选择标准是不一样的。例如,关于引力存在的原因,亚里士多德和笛卡尔都有解释,而牛顿动力学却将之取消,直到广义相对论才重新将其拉回到科学的视野之中。第二,科学要素的变迁,如概念、语汇和仪器等,不同的科学共同体对同一概念的理解是不一样的。如牛顿力学和爱因斯坦相对论中时空的概念就完全不同。第三,世界观的差异,而且这种差异的世界观之间的转变是格式塔式的根本性转变。"竞争着的范式的支持者在不同的世界中从事他们的事业","两组在不同的世界中工作的科学家从同一点注视同一方向时,他们看到不同的东西","就像格式塔转变一样,它要么必须立即整个地变……要么就根本不变"。②

如果不同的科学共同体拥有不同的范式和不同的世界观,而且这些范式之间是不可通约的,那么,两个范式之间也就不可能存在可比较的共同的基础。既然比较不可能了,那么范式之间选择的标准何在呢?库恩的答案是,"还能有比科学共同体的决定更好的标准吗?"也正因为如此,库恩才说,"'科学的进步'甚至于'科学的客观性'这类用语就可能显得是多余的了"。③ "科学知识本质上是……集体的产物。"④

总之,库恩历史主义的科学哲学揭示了科学发展中的非理性因素和社会历史依赖,对传统的科学观造成了多方面的冲击。

(1)科学的客观性面临威胁。库恩指出,传统观点把科学的客观性归结为其"本体论"地位,即科学能够"以某种方式更好地表现出自然界的真相",也就是科学"与自然界中'真实在那儿'的东西之间的契合"。但这种传统意义上的科学的客观性与合理性,只是科学共同体所造成的一种

---

① 托马斯·库恩:《科学革命的结构》,第9、157页。

② 同上,第133—136页。

③ 同上,第153、146页。

④ 托马斯·库恩:《必要的张力——科学的传统和变革论文选》,范岱年等译,北京大学出版社2004年版,"序言",第Ⅹ页。

"虚幻";或者说,如果客观性存在,它也仅仅是对于科学共同体内部而言的,这种客观性的实质就是共同体范式指导下的"团体的承诺"。因此,"科学知识像语言一样,本质上是一个团体的共有财产,舍此什么也不是"。"无论在历史上,还是在当代实验室内,这种活动",即常规科学,"似乎是强把自然界塞进一个由范式提供的已经制成且相当坚实的盒子里"。① 既然客观性与合理性的基础不再是自然,那也就为社会建构主义将其极端化为利益与权力提供了先行基础。

(2)科学发展是一个类似于达尔文生物进化式的过程,无任何目的可言。达尔文进化论的重要一点就是取消了拉马克式的目的论模式。库恩反对"把科学看成是一种不断地向由自然界预先设定的某个目标接近的事业",而主张"把科学观念的进化与有机体的进化相提并论……对于这一章所讨论的问题而言,这个类比是近乎完美的"。科学只是"通过科学共同体的内部冲突,选择出从事未来科学活动的最适宜的道路","这整个过程或许已经发生,如我们现代所设想的生物进化过程那样,而无需一设定好的目标,一种永恒不变的真"。"这里提出的科学进化观"认为,"这一进化过程不朝向任何目标"。② 科学发展的方向和目标被取消了,科学发展成了一种偶然性的"突现"(emergence)。

(3)既然科学没有了目标,那么科学进步是否可能呢?库恩的回答是肯定的。不过,库恩所说的进步并不是传统意义上的理性的累积性进步。科学或者说理论好坏的标准仅仅在于"理论的谜题解答和理论预言"的能力。库恩所说的"进步"有两种情况:在常规科学时期,进步表现为具体的解题活动;在科学革命时期,或者理论的选择过程中,好的科学的标准是具有更高的"精确性、一致性、广泛性、简单性和富有成果性"③的理论。然而,这种"成功的具有创造性的工作的结果",只有在"单个共同体——无论是否由科学家组成——的内部",才是可认定的。共同体的标准决定了科学理论的好坏,除了科学共同体,没有什么外在的标准来解释科学的进步。或者说,"我们并不能从解题能力的增加来推断与先行理论

---

① 托马斯·库恩:《科学革命的结构》,第 185、163、188、22 页。

② 同上,第 153—155 页。

③ 托马斯·库恩:《必要的张力——科学的传统和变革论文选》,第 313 页。

相比,后行理论包含了更多的知识或者更接近真理"①,也就是说,范式间不存在谁具有优先性的问题。

(4)科学"进步"的发生除了解题能力的增加之外,还存在修辞与劝说的因素。范式的转换是根本性的格式塔式转换,信奉不同范式的科学共同体生活在不同的世界之中;范式之间不可通约,不同科学共同体之间的交流也是不充分的。"双方彼此间的沟通不可避免是不完全的。其结果,一个理论对于另一个理论的优越性就成了辩论中无法证明的东西。我极力主张,每一派必须尽力通过劝说,以使对方改变","这一过程就是说服"。② 这就为社会建构主义将科学归结为一种修辞提供了分析视角。

这样,科学所负载的那种依赖"客观真理""持续的进步"而确立起来的正面形象便被破坏了,由此说,库恩成了"科学"的谋杀者似乎并不为过。当然,库恩谋杀的只是那种理想化的科学,而事实上,他拯救出了真实的科学。库恩"把'惟一科学'这个被缚于死刑架上濒临死亡的'科学'从绝境中拯救出来。把穿着紧身衣而不能动弹的'科学'从车轮下面解救出来"。③ 因此,库恩在谋杀"科学"的同时,又拯救了科学,成为了科学的再生者。

简单而言,库恩对科学的界定有以下几点:科学的客观性、合理性等不是相对于外在实在而言的,而只能是共同体的承诺;科学发展不存在方向(即与实在的接近),而只是一个达尔文式的进化过程;不同理论基于客观性的标准存在优先性,这只是一种幻觉,理论的更迭所代表的并不是进步,而只是共同体的范式之间竞争的结果,仅此而已。可见,库恩将时间与社会引入科学之中,将科学的累积性的静力学变成了革命式的动力学,为人们认识真正的科学打开了一个真实的也是长久以来被人们所忽视的维度。当然,库恩对科学真实形象的再生,也在客观上造成了对科学的相对主义处理方式,后来的社会建构主义就是在这一方向上对库恩思想进行极端化的。

---

① Alexander Bird, "Kuhn, Nominalism, and Empiricism", *Philosophy of Science*, 2003 (70), pp. 691 – 692.

② 托马斯·库恩:《科学革命的结构》,第178—179页。

③ 野家启一:《库恩——范式》,毕小辉译,河北教育出版社2002年版,第12—29、252—253页。

二、SSK：科学是一种社会建构

库恩为社会建构主义将科学委身于社会提供了一条思路。但是，在社会建构主义者看来，尽管库恩已经指出了科学的标准在于范式，并且在某些地方也表明了格式塔式的转变只能从社会和心理方面寻求原因，不过库恩并没有进一步展开这种工作。这项任务就交到了作为社会学家身份的社会建构主义者手中。

社会建构主义起始于 1964 年在英国爱丁堡大学成立的"科学论小组"。这一研究中心的建立受斯诺关于两种文化之分裂命题的影响，其最初目的也是要为两种文化之间的分裂寻求一条解决道路，从而使得对自然科学和工程类学生的培养更加合理（这一研究中心最初隶属于科学和工程学院，在 1992 年转属于社会科学学院，2001 年又成为了新成立的社会和政治研究学院的一部分）。然而，随着其研究议题的展开，他们最终所找到的解决道路是，将科学归属于社会，从而塑造了一种社会建构主义的科学观。

实际上，这一研究领域有着多个略有差异的学术名称，最初爱丁堡大学的研究中心是以 Science Studies 命名的，因此后来人们普遍将此研究称为 Science Studies，这一称呼的中文译法有以下几个：科学论、科学学、科学元勘等。同时，爱丁堡大学的学者们在研究科学的时候，主张以科学知识社会学（Sociology of Scientific Knowledge，简称 SSK）来区别于传统的默顿式科学社会学（Sociology of Science），因为他们与默顿学派的不同在于，他们开始将社会学的分析触角延伸到了科学的内核即科学知识上。早期的 SSK 普遍持有一种相对主义的科学观，认为科学知识是社会结构变量的产物，所以在此意义上，人们又称早期的 SSK 为社会建构主义。到了 20 世纪 80 年代中期，随着社会学家们将这种分析方法延伸到技术领域，人们开始将 Science Studies 扩展为 Science and Technology Studies，简称 STS，有时为了区别传统的 STS（Science，Technology and Society）研究，也写作 S&TS。

由于爱丁堡大学的几位学者在 SSK 的形成过程中起到了核心作用，所以这一研究流派通常也被称为强纲领或爱丁堡学派，他们主要采用宏观社会学的研究方法，考察经典的社会变量与相关的群体知识之间的因果联系,早期特别强调利益的基础性地位,其主要代表人物包括大卫·艾杰、大卫·布鲁尔、巴里·巴恩斯、斯蒂文·夏平和早期的安德鲁·皮克林等。巴斯学派是社会建构主义的另一研究流派,以哈里·柯林斯为代表,主要采用微观社会学的方法,通过案例研究,展现出科学知识只是科学家之间偶然"谈判"与"协商"的结果。其中,强纲领学派是 SSK 早期的主要代表性流派,布鲁尔和巴恩斯成为 SSK 哲学理论的奠基者。

(一) 社会建构主义的理论内涵

强纲领学派作为社会建构主义的核心代表,对社会建构主义的核心原则进行了系统的阐述。这项工作主要是由布鲁尔和巴恩斯所做的。下文将以布鲁尔为例对社会建构主义的观点进行考察。布鲁尔在《知识和社会意象》一书中对强纲领的四个核心原则进行了系统表述。

生于 1941 年,在英国基尔大学、剑桥大学和爱丁堡大学接受了哲学、数学和心理学的教育,后在爱丁堡大学获得博士学位,其学术生涯主要在爱丁堡大学度过;强纲领学派的主要代表人物之一,主要著作有《知识和社会意象》《维特根斯坦:一种知识的社会理论》《科学知识:一种社会学的分析》(与巴恩斯、亨利合著)等。

大卫·布鲁尔(1942—)

因果性:它应当是表达因果关系的,也就是说,它应当涉及那些导致信念或者各种知识状态的条件。当然,除了社会原因外,还会存在其他的将与社会原因共同导致信念的原因类型。

公正性:它应当对真理或者谬误、合理性或者不合理性、成功或者失败保持客观公正的态度。这些二分状态的两个方面都需要加以说明。

对称性:就它的说明风格而言,它应当具有对称性。比如说,同一些原因类型应当既可以说明真实的信念,也可以说明虚假的信念。

反身性:从原则上说,它的各种说明模式必须能够运用到社会学本身……它显然是一种原则性的要求。①

---

① 大卫·布鲁尔:《知识和社会意象》,艾彦译,东方出版社 2001 年版,第7—8页。

　　强纲领的核心原则是公正性和对称性。公正性原则实际上是把虚假的或不合理的信念重新拉回到人们的认识领域之中，取得与真实的或合理的信念并置的地位；而对称性则又把两者从认识论中抽离出来，将关注点投向造成这种信念的偶然的社会成因。布鲁尔有时也把对称性称为"对称"假设或"等值"假设。在解释"等值"假设时，布鲁尔巧妙地回避了矛盾律的问题；按照他的解释，"同一些原因类型应当既可以说明真实的信念，也可以说明虚假的信念"。这并不是说，我们的信念是同等程度的真实或同等程度的虚假，而是说，"所有信念，就它们可信性的原因而言，都是彼此平等的"，"无论真假与否，它们的可信性的事实都同样被看作是有问题的"，因此，"所有信念的影响，无一例外地都需要经验研究，并且必须通过找出其可信性特有的、特殊的原因来加以说明"。① 也就是说，不管社会学家将一种信念评价为真实的、合理的，还是虚假的、不合理的，他都必须给出其可信性的原因。这样，社会建构主义的研究就搁置了信念的真假问题，而只是对它们的可信性进行经验研究，找出其可信性所特有的和特殊的原因来加以说明，认识论的问题便被规避了。

　　在强纲领的基础之上，社会建构主义从不掩饰自己的相对主义立场。布鲁尔认为，相对主义学说有两个简单而又明确的出发点："(1)断定在一定的论题上会有不同的信念，(2)确定在给定的范围内所发现的这些信念中哪一个取决于使用者的语境或与之相关。"② 因而，"任何真理性的宣称都相对于历史性的、社会性的，甚至是生物性的偶然性集合而存在。"③柯林斯也指出，他的"经验相对主义纲领"就是要对"相对主义"的自然科学做"经验主义"的社会学解释。

　　可见，强纲领的理论前提中蕴含了很强的相对主义立场，因此，在这一纲领指导下进行的理论分析和案例研究中存在着相对主义倾向也就顺理成章了。

---

　　① 巴里·巴恩斯、大卫·布鲁尔：《相对主义、理性主义和知识社会学》，鲁旭东摘译，《哲学译丛》2000 年第 1 期，第 5—6 页。

　　② 同上，第 5 页。

　　③ 巴里·巴恩斯、大卫·布鲁尔、约翰·亨利：《科学知识：一种社会学的分析》，邢冬梅、蔡仲译，南京大学出版社 2004 年版，"中文版序言"，第 3 页。

(二) 用社会学消解认识论：社会建构主义的分析思路

社会建构主义的理论分析和案例研究，既是在强纲领指导下展开的，又是在具体的理论和实践层次上对强纲领的一种辩护。为了将科学知识相对化，或者说，为了分析科学知识的社会建构属性，社会建构主义采取了三个步骤：第一，取消科学知识的认识论地位；第二，将知识与信念等同起来；第三，将科学知识的成因问题转换为对科学知识可信性的成因的研究。这样，客观性问题便从认识论领域进入到了社会学考察的视野。下文对此进行具体分析。

(1) 用自然主义（naturalism）方法取消科学的认识论地位。布鲁尔认为，传统观点不加分析地就将科学知识界定为对自然的反映，这是成问题的。要对科学知识进行说明就要研究科学的形成过程，因此，社会建构主义采用了一种自然主义的立场或方法。自然主义，最典型的含义就是，人类所有的活动都可以被理解为完全自然的现象。布鲁尔指出，"社会学家所关注的是包括科学知识在内的、纯粹作为一种自然现象而存在的知识"，"与把知识界定为真实的信念——或许也可以把它界定为有根有据的真实信念——不同，对于社会学家来说，人们认为什么是知识，什么就是知识"。① 于是，知识便成为了人们的主观界定。巴恩斯也认为："社会学家所关注的是对那些被认为是知识的东西的自然主义理解，而不关注对什么东西值得被作为知识进行评价性估断。"②也正是在此意义上，柯林斯才说："我们并不是要攻击科学，我们仍将这种活动视为最美妙的文化创造行为的一种体现，而只是主张，科学应该被看作一种'艺术'而不是'真理'。"③可见，通过自然主义方法，科学知识的认识论地位问题被抛出了社会建构主义的视阈之外。

(2) 既然科学不存在认识论上的优先权，那么它也就仅仅成为了人们的一种信念。知识是由"人们满怀信心地坚持，并且一直作为生活支柱

---

① 大卫·布鲁尔：《知识和社会意象》，第 3—4 页。

② 赵万里：《科学的社会建构——科学知识社会学的理论与实践》，天津人民出版社 2002 年版，第 153 页。

③ H. M. Collins & Graham Cox, "Recovering Relativity: Did Prophecy Fail?", *Social Studies of Science*, 1976, Vol. 6, No. 3/4, p. 424.

的那些信念组成的"①,"事实上看到了一个飞碟、相信某人看到了飞碟和创造出了一个飞碟之间,并没有什么操作性的区别"②。这样,知识便有了一个新的归宿:信念。

(3)那么,作为一种自然现象,作为一种信念的自然科学,它是如何取得了相对于其他现象、其他信念的特殊地位的呢?由此,社会建构主义的一个根本历史问题就是现代科学的起源,要解答相对于人类其他知识体系而言科学是如何获得认识论上的独特地位的。当然,要回答这一问题,还要涉及一个根本的分析问题,即什么造就了科学在文化生产制度中的唯一性?③

对于这两个问题,存在一种答案,确切地说是传统的答案:科学,就其逼真性的描述而言,必然使其优于其他的知识生产形式。当然,社会建构主义者是永远不会去断定科学(或者任何其他的)信念的认识论地位的,他们所做的只是去理解为什么今天那么多人相信科学能够提供更准确的描述,需要分析是什么将科学与其他形式的知识生产区分开来。这样,问题就发生转变了,由为什么科学能够提供更准确的描述,转变为人们为什么相信科学能够提供更准确的描述。进而,答案便从科学与自然的关系转变为人与科学的关系,自然在这一问题中的作用便被取消了。

由此,在知识的成因问题上,知识的认识论地位便被转变成了知识的可信性问题。这种分析策略在社会建构主义者的著作中表露无遗。布鲁尔认为:"知识社会学集中注意信念的分布情况,以及影响这种分布情况的各种社会因素。例如,知识是怎样传播的?知识的稳定性如何?人们创造和维持知识需要经历哪些过程?人们怎样把知识组织起来,并且分布成各不相同的学科或者领域?"④在布鲁尔的这种表述中,作为知识形成、发展和传播过程中重要因素之一的自然,并未获得应有的关注。

从另一方面来看,社会建构主义者认为,既然传统观点认为科学知识可以脱离时空,那么为什么还需要社会学来补充思想史或者科学哲学呢?

---

① 大卫·布鲁尔:《知识和社会意象》,第 4 页。

② H. M. Collins & Graham Cox, "Recovering Relativity: Did Prophecy Fail?", p.437.

③ Thomas F. Gieryn, "Relativist/Constructivist Programmes in the Sociology of Science: Redundance and Retreat", *Social Studies of Science*, 1982, Vol.12, No. 2, p.281.

④ 大卫·布鲁尔:《知识和社会意象》,第 6 页。

例如,哲学家和默顿学派的社会学家虽然反对社会学介入科学的具体内容,但并不否认社会学在某些问题上的解释力。这种情况是如何发生的呢? 原因很简单:自然界在解释科学信念如何创造并被人们所接受的问题上是无力的,也就是说,社会建构主义者将在科学信念的形成、发展和传播过程中社会学解释的必要性,等同于自然在这一问题上的不必要性。例如,柯林斯就说,"自然界在科学知识的建构过程中起很小的作用,甚至不起作用"①,因此,我们"丝毫不会诉诸实在来界定个人所可能持有的信念"②。

这样,自然实在的地位便被剥夺了,所以就需要引入一种新的力量,即社会文化因素。按照强纲领的四个信条,社会建构主义认为,社会和文化因素在科学真理和科学谬误的建构过程之中同样是必要的。"同样",这说明他们承认还存在其他的原因,"除了社会原因外,还会存在其他的、将与社会原因共同导致信念的原因类型"。③然而,说归说,做归做,社会建构主义在实际的研究中并没有引入其他的,如自然实在的原因类型来解释信念的成因。例如,夏平对 17 世纪英格兰礼仪与科学关系的考察、夏平和沙弗对波义耳和霍布斯争论的案例研究,其语言和分析思路都体现出他们的理论预设具有明显的倾向性。拉图尔指责布鲁尔没有真正对称性地对待自然与社会,认为他实际上是肯定了社会而否定了自然,这是一种很强的不对称性。或许,正如柯林斯在分析科学争论的解决机制时所说:"在语言、概念和社会行为之外,没有任何事物能够影响这些争论的结果。"④

到此,社会和文化因素,而不是自然,取得了对科学知识的话语权。社会建构主义的理论前提和预设都已经有了,剩下的就是继续推进这一分析进路,从而得出其结论。

(三) 寓于偶然性之中的决定论:科学的社会建构

在这样的理论前提和分析思路之下,社会建构主义很自然地将科学

① Thomas F. Gieryn, "Relativist/Constructivist Programmes in the Sociology of Science: Redundance and Retreat", p.287.

② H.M. Collins & Graham Cox, "Recovering Relativity: Did Prophecy Fail?" p.437.

③ 大卫·布鲁尔:《知识和社会意象》,第7页。

④ Thomas F. Gieryn, "Relativist/Constructivist Programmes in the Sociology of Science: Redundance and Retreat", p.287.

知识的成因与发展机制归结为社会因素。具体而言：

1. 客观性成为一种利益

既然自然在科学知识的生产过程中失语了，那么自然被拉下后空置的宝座被谁占据了呢？作为社会建构主义的最早的一个学派，爱丁堡学派从马克思主义中发现了"利益"的观点，并将之引入科学知识领域，因此，其分析纲领有时也被称为"利益模式"（interests model）或"利益分析纲领"（interests analysis programme）。①

在社会建构主义看来，"利益"是一个相对模糊与多义的概念，它可以指经济、政治、宗教利益，也可以指职业利益，当然，也包括认识利益或专业利益。爱丁堡学派引入"利益"这一概念主要是为了解决知识的"归因问题"，即"思想或信念是否以及如何能被认为是社会、阶级或其他集团的特殊利益的成果"。也就是说，利益是科学家从事科学活动的自然动因。利益并不总是导致虚伪的、非理性的或失败的知识，它也能够推动知识的增长。案例研究作为社会学的一种常用方法，也是用来证明他们论点的惯用工具。麦肯齐和巴恩斯选择 20 世纪初的英国在统计学领域发生的优生学与孟德尔遗传学之间的争论作为案例进行分析。皮尔逊是这场争论的中心人物，其生物统计观点为优生学纲领的合理性提供了辩护。他们在分析后指出，优生学思想是同新兴的中产阶级和工业化秩序联系在一起的。在论战中，皮尔逊和作为另一方代表的贝特森的学术观点与他们的家庭出身、阶级地位和专业利益完全一致。也就是说，社会利益和个人利益进入了他们的科学信念之中。②

这样，通过利益，社会背景、文化背景以及科学共同体内部的各种研究取向便进入了科学知识之中。当然，案例研究也决定了他们要用对社会学因素的历史考察来支持其论点，但这也会使其在社会学上遭到过程缺失的诘难：许多人批评爱丁堡学派并未说明利益是如何具体影响科学的，"一些较为公允的科学社会学家则感到，利益模式的问题不在于它将科学知识归结为利益磋商，而在于它未能表明这种磋商实际上是怎样进行的，以及为什么在这种磋商过程中论战一方会逐步占据主导地位。这

---

① 赵万里：《科学的社会建构——科学知识社会学的理论与实践》，第 150—151 页。

② 同上，第 152—155 页。

就像是读一部小说,其中间部分突然被撕掉了,结果,我们知道故事是怎样结束的,却不知道故事为什么必须那么结束。"①为解决这一问题,布鲁尔等人提出了一种更为精致的论证,即有限论。

2. 开放性终结的情境知识

利益模式有一个困难,就是难以说明宏观的利益和倾向是如何渗透到微观的科学活动之中并进而内化到科学知识的内容之中的。有限论就是解决此问题的一个尝试。布鲁尔认为,"有限论揭示了社会过程渗入知识领域的内在方式"。② 然而,这种渗透又是如何发生的呢?

布鲁尔认为,有限论是与概念的本质和概念的使用相关的,其核心思想就是:一个概念的先前使用并不能决定它的后继使用,概念的未来应用是开放性终结的。因此,它的每一次应用都是全新的和创造性的过程,或者说,概念本身对概念的下次使用并不会产生决定性的影响。布鲁尔曾多次表达这一思想,"人们对概念的运用,并不是像一列火车沿着预先铺好的铁轨运行那样进行的(在这里,铁轨代表这个概念所具有的'意义')……简单地说,它就是下列主张,即意义并不先于用法和人们实际运用概念的那些事例而存在。"③"是我们所选择的术语的使用方式决定了惯例采用或将采用哪种形式,而不是惯例决定我们使用术语的方式。"④

具体而言,这种不确定性、偶然性、开放性是如何发生的呢?布鲁尔从两方面对这一问题进行了论证。

(1)术语使用的社会决定:基于分类的有限论考察

我们在对传统的学习或者说在使用传统惯例的过程中具有很强的不确定性。布鲁尔以分类为例对此进行了分析。他指出,既然"对所有事物的分类都是社会性的",即,"当人们进行分类时,人们几乎总是求助于因袭的概念和分类,并且运用这些已经存在的概念去标记他们遭遇到的任何新的对象和实体",而且,"不同的分类惯例存在于不同的文化之中",都是"人类构造起来的'一种框架'",那么,"我们对自然的关注就仅仅满足

① 赵万里:《科学的社会建构——科学知识社会学的理论与实践》,第157页。

② 巴里·巴恩斯、大卫·布鲁尔、约翰·亨利:《科学知识:一种社会学的分析》,"中文版序言",第2页。

③ 大卫·布鲁尔:《知识和社会意象》,"中文版作者前言"。

④ 巴里·巴恩斯、大卫·布鲁尔、约翰·亨利:《科学知识:一种社会学的分析》,第67页。

于去如何使用这一框架吗?"或者说,经验在分类或惯例的习得过程中就没有作用吗? 布鲁尔的答案是否定的。

"分类是以这种方式传授和学习的,那就是以事实为例证说明的学习","我们因袭的传统分类是通过以事实为例证说明的学习而获得的"。分类尽管有其传统标准,但是分类标准的实现和分类能力的获得确实是在以事实为例证的学习中达成的。在这种学习过程中,人们会面临着诸多的不确定性。举例而言,当老师指向湖面上游泳的鸟并告诉学生它是鸭子时,学生无法确定鸭子这一术语的具体所指,因为他很可能通过老师的动作将鸭子理解为湖面上游泳的鸟、鸟在其中游泳的湖或者鸭子不远处的一只乌鸦,甚至还可能理解为老师的手指。于是,老师会通过越来越多的例证对学生进行教导,以期消除这种不确定性。但是,在布鲁尔看来,这种不确定性无法通过此种方式消除。① 原因有三点。

第一点,上述例子的全部,就是以事实为例证说明的学习得以产生相同意义的途径,然而,布鲁尔认为,人们从中所能获得的仅仅是一种"相似性"关系。下一个鸭子被归类为与现存的鸭子是一样的,也仅仅是因为这个鸭子与现存的鸭子相似,而并不是明白无误地彼此相同。就相似而言,它是一种既相同又不相同的关系。就具体的分类过程而言,它的进行并不是基于相似性本身,而是基于最大的相似性。但是,"我们缺乏相似性的任何标准以及任何基础,以证明这里的相似性超过那里的差异性"。②

第二点,假设我们已经通晓相关术语,并允许人们使用其他的术语来说明术语,那么,就会出现规则或定义的问题。即人们认识到既存的鸭子都是有蹼脚的,因此就可能会把鸭子定义为一种有蹼脚的鸟类,这样,便形成了一个规则或者定义,要求鸭子必须有蹼脚,或者要求鸭子必须是鸟。然而,这样一种规则或定义仅仅能够解决我们信念网络之中的确定性问题,在"语词—世界链接中的角色……我们将面临严重的倒退;如果采用以事实为例证说明的学习,那么我们将再次陷入非确定性之中"。③

---

① 巴里·巴恩斯、大卫·布鲁尔、约翰·亨利:《科学知识:一种社会学的分析》,第57—59页。
② 同上,第61页。
③ 同上,第63页。

因为,如果把鸭子界定为有蹼脚的东西,但我们又对什么是蹼脚本身尚不清楚,那如何去确定无误地使用"鸭子"呢? 因此,这种回归带给我们的同样是不确定性。

从这两点的分析可以看出,布鲁尔想要说明的是,分类或术语的使用是不确定的,因此,所有的知识都是情境性的,知识仅仅以一种开放性终结的方式来显示自身的可能性。然而,既然分类或者术语的应用是不确定的,那么这种不确定性的最终结束机制是什么呢?

第三点,解决这一问题有两种机制,一是非社会学家的说明,即人们天生具有一种"相同"或者"联结"的意识,如起初使用的每一个声音"鸭子",被认为与下一个相同,并且随后所遇到的每一个鸭子都被认为与先前的鸭子的例证相同。"他们还必须拥有一种内在的感知倾向,具有一种把过去的经验接受为相关的现在环境、把过去的语词和事物的联结接受为现存的语词与事物联结。"然而,就社会学家而言,这种"先天论的设想"是难以接受的。他们关于分类的思想,"倾向于显示文化的内涵而不是自然的寓意,倾向于习得能力和倾向,而不是先天的继承和拥有"。"我们的知觉器官不仅是我们接近自然的仅有的工具,而且也是我们进入我们的文化的仅有的工具。在接近自然中所要求的相同和差异的意识,可以通过我们对我们的文化中的语词的使用非常成功地得到传递,这一事实是内在的、先于社会的知觉力量的一种明证。我们所意识到的具有'确定形式'的文化框架,内在隐含着我们理解自然中的'确定形式'的能力。"布鲁尔有很多类似的表述,"以事实为例证说明的学习本身就是一个社会过程。学习者通过其他人,而不是事物本身学会如何把握事物,因为事物本身是沉默的和毫不相关的。正确地把握事物的方法作为一种惯例是在传统中建立起来的,是在包含有对教师的信任以及承认他或她的权威的这种社会关系中被传递的。把握事物的正确方法依赖于学习者所渗透于其中的传统。""在科学的亚文化中……每一种传统都引导我们以其自身的方式去体验……它以一种'确定的形式'、以一种使经验的内容与之符合的'框架',给予我们一种惯例式的术语系统",而"一旦拥有了他们自身传统的惯例,人们便使用它们并使它们永久化"。① 在此,我们似乎看到了库恩的影子,然而,布鲁尔却将之推进得更远,从而将科学建立在了更广泛的社会学因素的基础之上。

(2) 理论、实践与科学知识的增长:基于筑模过程的有限论考察

科学哲学认为,观察报告是"理论负载"(theory-laden),因此,自然科学文献所报道的实在也仅仅是科学理论或科学模型所描述的实在,也可以说是由相关的理论实体构成的实在,进而,观察与理论之间也才保持了一致性。但需要注意的一点是,在论述"理论负载"的观察时,理论并不决定观察报告,做出判断的是科学家,"观察完全可以不受任何既定理论的影响而存在",即便它"甚至包含被视作检验的理论或反驳的理论";理论与观察的关系是一种相互作用。

最后一点尤为重要,即"如果说观察是'理论负载'的,那么理论也是'观察负载'的"。布鲁尔称之为"社会学意义上理解理论问题的核心"。理论都是通过一系列的观察报告记录下来的,因此,理论本身总是伴随着对理论的记录,伴随着观察,伴随着理论自身的成长而永不停息地变化着。进一步说,"被记录的东西正是在记录过程的任何一个瞬间得到认识的"。有限论已经表明,人们并不能准确地说明观察报告中的术语的准确含义,以及这些术语在未来的某些时刻如何被使用。现在,有必要将这一思想扩展到科学理论,"即便是在给定的瞬间我们也无法确知一个理论的蕴涵,自然不能更准确地知道理论整体本身究竟是什么"。因此,科学中的理论并不是一组可以检验的原理,而只是对观察或实验中的内容的一种隐喻性的再描述,"那些成为科学理论的基本方面的东西,实际上就是常规性用来描述熟悉的、能够理解的情境组织过程的集合体",理论的内涵具有"经验语境特性"。理论的使用过程都是对理论的一种重新描述,当既已形成的熟悉的理论应用于一个新的不熟悉的现象时,这种描述便"不具有制度化的地位,在文字上讲它是含糊的,很少明确成为一个理论的内涵","即便是在使用的瞬间,我们也无法尝试形成'它真的是什么'"。因此,理论的每一次使用都是对理论的重新建构,孟德尔以来的历代科学

---

① 巴里·巴恩斯、大卫·布鲁尔、约翰·亨利:《科学知识:一种社会学的分析》,第64—65页。

家,"没有一个严格地忠实于孟德尔原初的思想",他们的理论仅仅是与孟德尔思想"谈判结果的一个序列","这样的一个序列通常称之为'科学进步'"。①

这样,布鲁尔完成并确立了理论的偶然性地位。在寻找这种理论的偶然性的结束机制的过程中,布鲁尔将其论述方向指向了"实践"。这里的"实践"实际上也就是指所谓的"科学进步"的真实的发生机制。

追随库恩的观点,布鲁尔将"科学知识的增长描述为从一个问题到下一个问题的运动"②;库恩所说的"解题"活动实际上也就成为了一种筑模(form of modeling)过程。这种筑模活动"不仅仅是对相似性的判断,它还包括对模型以及建造相似性的模型铸造的操作","偶尔还包括破坏相似性,这种情况特别在科学争论时期容易发生"。可以看出,这样一种筑模活动实际上就是一种扩展范式或者范例的活动,它包含了对范例的使用、新范例的确认以及新范例与旧范例之间的冲突;或者说,这就是库恩所说的科学进步的发生机制。而在布鲁尔这里,科学进步并不是一个着重讨论的问题(甚至还是一个被否定的话题),他所关心的是这一筑模过程是否沿着一个不可避免的方向发展,也就是这一过程是必然还是偶然的问题。布鲁尔认为,"无论是判断还是操作都不是由模型本身,也不是由模型所铸造的东西,甚至不由模型和筑模之间的原初关系决定。所有这一切都在筑模过程中以一种不可预知的方式而变化","科学活动的筑模过程显然是一个偶然性的活动,认识到这一点至关重要"。

这样,布鲁尔就进入了对筑模活动的结束机制的讨论。布鲁尔用"实践的目的",用模型的成功的标准对此进行了说明。"在某种抽象意义上",并不能"通过一个模型与一个模型所铸造的东西的'正确'匹配来判定一个模型是否成功"(因为这种"正确"并不存在,"完美的筑模过程的概念就像完美的相似性概念一样有问题")。而事实上,"一个成功的模型是一种实用性的成就,是某种用来为活动目的的成功服务的东西"。"当一个模型(范例)和被模型化的东西(问题)能够最大效率地达到实践的目的

---

① 巴里·巴恩斯、大卫·布鲁尔、约翰·亨利:《科学知识:一种社会学的分析》,第114、115、116、116—118页。

② 同上,第128页。

时,成功就在评价和适应过程中产生。"①也就是说,筑模过程是否成功,完全以模型使用者的实际目的是否达到为标准。例如,柯林斯在对激光器的设计与建造的案例研究中就指出,"适合仪器建造者的目标和目的"就是评价的最终裁决机制。

很明显,在理性主义者那里,裁决的标准是与自然相符,而在 SSK 这里,标准成为人们的目的是否实现。从自然的角度看,科学活动是不确定的;而从研究者的目的来看,科学活动又是确定性的,因为只有达到了研究者的目的的筑模过程才会被接受。然而,"目的"和"目标",尽管是一种社会学因素,但它们仍然需要说明。

这种说明资源便是"利益"。布鲁尔不止一次地表达了他这一思想:利益——"规则解释的社会学的重要性在于,它认为规则是由共享利益所维持的实践,如一个成员在协调其成员行动时的一般利益,它可能表现为先前的学科成就与公认的实践,或范式这样的特殊利益";谈判、倾向、利益——"在原则上,规则的每一次使用都是可以通过谈判来解决的,而只有遵从着自己的倾向与利益,这种谈判才是可理解的:这就是力量的真实存在之处";社会化因素、共识——在规则的阐释过程中,"从社会学的观点来看,社会化、共识等,远不是外在关系,实际上是其构成部分";社会结构——"一个规则不过是一种必须符合我们的生活的技巧","这再次强调了……社会结构的全部论题"。②

布鲁尔的论证可以用这样一个序列来表示:利益—科学家的目的—筑模过程的终结—科学,这也就是有限论的理论线索。可见,布鲁尔用术语的未来应用赋予科学理论以偶然性,而后又将社会利益作为这种偶然性的结束机制。实际上,偶然性仅仅是为利益决定论所做的铺垫,必然性、决定论才是其真正目的所在。

因此,对 SSK 而言,传统的客观性并不存在,科学只不过是一种偶然的、历史的文化,一种生活形式,一场并没有任何接近真理特权的游戏。科学与其他知识一样,身上都负载着政治、经济、文化和认识等各种各样的利益;科学的建构也就与其他的知识生产一样,是人们通过协商与谈

①　巴里·巴恩斯、大卫·布鲁尔、约翰·亨利:《科学知识:一种社会学的分析》,第 132 页。
②　同上,第 270—274 页。

判,通过删减与修补而得到的一种产品。反映论的客观性仅仅是人们的一种幻象,只是科学家及其所代表的利益群体的社会建构。

SSK 代表了取消科学客观性、真理性的后现代主义思潮的中坚力量,它产生后也开始向其他领域不断扩散,其研究进路也开始衍生出许多相关的学术研究。其中,强调科学的性别负载的女性主义与强调科学的种族负载的后殖民主义成为这股思潮中的两支重要力量。

第三节　性别与种族视野下的科学

一、作为男性权力的科学

女性主义最初主要是作为一种政治运动而存在的,其内容也主要在于为女性争取政治、经济和文化等方面的权利,这个时候它更多地被称作女权主义。近几十年来,性别视角开始渗透到对科学的分析之中,在这种视角下,科学成为了具有性别负载的意识形态的产物。

早期女性主义对科学的研究主要集中在对科学史中女性科学家的科学贡献的承认,以及如何为女性创造平等的科学研究环境,打破科学研究中的性别歧视等。例如,前几年的一本畅销书《科学的旅程》中就概要考察了几位主要的女性科学家及其科研历程,从而试图表明女性在成为一位优秀科学家的道路上,可能会面临相较于男性更多的困难,如社会文化对女性在社会和家庭中的角色要求、科研评价与评比中的性别歧视、家庭的负担等都可能会成为女性科学家成长的障碍。[①] 这些研究是非常有益的,确实为我们开启了在科学研究中男女平等的道路。

后来在社会建构主义和女性主义关于社会性别的一般研究的启发下,在生态主义和环境主义的推动下,女性主义者开始将社会性别的分析视角施加到科学之上。从理论层面来看,社会建构主义为女性主义提供了理论基础。社会建构主义认为,科学是具有社会负载的,而在社会因素中,性别因素成为近几十年学术界集中关注的视角之一,因此,女性主义

---

① 雷·斯潘根贝格、戴安娜·莫泽:《科学的旅程》,郭奕玲等译,北京大学出版社 2008 年版,第 400—404 页。

者在思路上很容易就可以将社会建构主义的分析思路与女性主义的性别要求结合起来,尽管这在认识论上面临重重困难。这样,性别概念就成为了女性主义用以对制度和知识进行意识形态分析的工具,性别从一个生物学概念转变为了意识形态概念。这种新的分析视角开拓了女性主义的研究思路。以此视角观照近代科学发展的历史,女性主义者开始发展出其核心的认识论主张:科学从本性上是充满着性别密码和性别身份的,近代科学是一种男性科学,是男性性别意识形态的产物。

(一)科学世界中自然的性别负载

科学以自然为研究对象,这就要涉及对自然的处理方法与态度。近代科学多以观察和实验方法对待自然,然而,正是近代科学的这种经验性的数学分析方法遭到了女性主义者的批判。这种批判主要包含两种观点。

第一种观点是,部分女性主义者将科学家在科学研究过程中对自然的拷问比喻为男性对女性的强暴。女性主义者指出,近代之前,人们普遍坚持某种形式的有机论的自然观,这种自然观赋予自然以母亲的角色,自然就像是一位哺育众生的女性,为人类提供所需的一切。然而,自然有时也会表现出另外一种形象,即狂暴的、不可预测的、混乱的野性形象。但是,随着近代科学革命的推进,以近代科学为基础的机械论自然观开始形成,自然逐渐变成了一个抽象化的、理性化的对象,因此,地球作为女性和母亲的形象逐渐消失。机械论自然观的一个结果就是,自然成为了毫无人性的无机世界,成为了人类要征服的对象,于是,控制自然、支配自然进而压迫自然、剥削自然开始成为近代精神的一个代表。这样,"随着17世纪西方文化越来越机械化,机器征服了女性地球和圣女地球的精神"。这种理解会将我们导向两个方面:其一是环保问题,因为从母亲自然到机械化的对象自然的转变会削弱人们对地球的道德关怀,"而统治和支配的新形象则为人类对自然的剥削提供了文化支持"[①];其二,自然和女性之间的性别隐喻,开始使人们从历史和现实社会中男性对女性的性别压迫,联想到人类与自然关系中人类对作为女性的自然的压迫,进而又很自然地

---

① 卡洛琳·麦茜特:《自然之死:妇女、生态和科学革命》,吴国盛等译,吉林人民出版社1999年版,第2页。

赋予近代科学以男性的性别特征,当这种理解与培根所说的某些容易引起误解的话联系到一起时,女性主义者通常会将近代科学通过实验和数学方法对自然的拷问式研究比喻为男性对女性的强暴。

许多女性主义者都坚持上述观点,即认为科学与自然之间的关系类似于男性与女性之间的关系。凯勒指出,当我们在谈论科学家与自然之间的关系时,"如果我们用今天所采用的最炫耀的女性主义的术语来说",我们实际上是在"谈论婚姻的强暴,作为科学家的丈夫强迫自然服从他的意志","如果人们把自然看成是反抗性侵犯的女性,那么人们就能从自然中获得类似的利益"。哈丁也指出:"把自然理解为一个对强暴麻木不仁,甚至持欢迎态度的女性⋯⋯是对这些自然与探索的新观念进行解释的基础⋯⋯当我们考虑,从现代科学的开端起,厌恶女性主义者与保护性别的政治学和⋯⋯科学方法是如何相互提供证据时,我们就得思索近代科学理智的、道德的和政治的结构。"①

很显然,在女性主义者看来,以科学家为代表的近代科学对自然的研究,完全就是家庭婚姻关系中男性对女性的不道德行为,而且这样一种隐喻性的性别结构在科学的发展中不断被强化,最终成为了近代科学的一部分。他们认为,弗兰西斯·培根在这一过程中起到了关键作用,因为培根曾经以强暴的比喻指代近代科学以实验方法对自然进行的系统研究。培根的这句话是:"因为你也只有通过猎取在游荡中的自然,你才能够在你愿意的时候把自然再带回其同一位置。当对真理的探索是一个男人的整个目标时,他就应该毫不犹豫地进入和插入这些突破口或角落。"培根的这句话被解读为,科学家使用实验方法,主动地、毫无顾忌地、不用考虑任何后果地向自然拷问,从而得到其想要的结果。于是,拷问自然与强暴女性之间就具有了完全的一致性。

第二种观点则是将对自然的研究过程比喻为对女巫的审讯。培根说:"对这一奇迹的过程,我并没有矛盾的看法。巫术、魔术、魔力、梦幻、预言等的迷信表述应该一起被排除,因为这里并没有确信与明显的事实。无论如何,这种技术的采用与实践应受到谴责,然而,从严格表述的角度

---

① 艾伦·索伯:《保卫培根》,见诺里塔·克瑞杰:《沙滩上的房子——后现代主义者的科学神话曝光》,蔡仲译,南京大学出版社 2003 年版,第 301—302 页。

来看,不仅要获得对这种实践的真正批判性的判断,而且要更进一步揭示出自然的奥秘。"麦茜特对此评价说:"在描绘其新的科学目的与方法时,他[培根]所采用的许多想象,都视自然为一个通过刑具审讯而受折磨的女性……强烈地暗示对女巫行踪的审讯和用以对女巫进行拷打的刑具装置。在相关的段落中,培根说发现自然秘密的方法是对魔鬼的审讯,正像詹姆斯一世对女巫进行的残酷迫害一样。"①显然,尽管麦茜特再次采用了不同的比喻方法,但是其实质与第一种观点是一样的,即科学家对自然的研究,体现了男性对女性的霸权,不管这种霸权是一种对女性的强暴还是对女巫的鞭打与拷问。

　　针对女性主义者对培根的批判,艾伦·索伯进行了反驳。他指出,如果只是片面揪住培根的某句话或者某个字眼并对之进行脱离语境和历史背景的断章取义式分析,是无法真正理解培根这些话的含义的。他认为,首先,女性主义者所经常引用的将实验与自然之间的关系类比为男性对女性的强暴的那句话,或者类似的表述,并没有出现在培根正式出版的著作中。实际上,这句话是在培根死后的手稿中发现的,而且类似的话语仅仅出现过一次。毫无疑问,女性主义者太过吹毛求疵,以致以偏概全甚至一叶障目。其次,索伯也引用了培根的一段话,"因为即使在生活中,一个人的脾气,他的心灵与感情的秘密,当他处在不幸时,比起任何其他时候更容易被发现;因此,同样地,自然的秘密处在技艺的折磨之中时,比起它通常的发展更容易暴露出自己。"②索伯认为,这样的表述并没有暗示强暴、拷打或者奴役的意思。培根意在表明,如果想要了解自然、认识自然,单单靠被动的观察是不行的,人们必须通过实验操作,让自然向人类显示出它的内在秘密。实际上,培根在其著作中还多次把自然赞美为一个伟大的女性,培根也确实说过认识自然的秘密就如同认识一位女性,但是这种认识并不是借助暴力,而是通过人的知识反思。因此,培根有时候为了达到更好的修辞效果或取悦听众而使用的几句可能引起歧义的话,并没有暗示某种针对自然的性别政治学。与其说这是一种政治学的隐喻,倒不如说仅仅是一种文学的修辞。

---

① 艾伦·索伯,《保卫培根》:第 314—317 页。

② 同上,第 319 页。

（二）科学内容中的性别负载

女性主义者不仅将人类对自然的研究类比为男性与女性之间的关系，他们甚至指出，科学从其根本内容而言，也是具有性别负载的。

例如，某些女性主义者论述了数学的性别负载。玛丽安娜·坎贝尔和兰德尔·坎贝尔-赖特指出，数学中充满着性别歧视。如果某道数学题中出现了"1.5 个男人在 1.5 天挣了 1.5 元"这样的话，那这道题就是典型的性别主义的，因为它暗示了只有男性才工作，而女性则不工作或者不应该工作。再如，如果题目中出现"女孩和她的男友相向而跑"，这样的表述方式也是不能接受的，因为它表现的是异性恋的场景。能够被女性主义者所接受的表达形式是苏和黛比"这一对女同性恋配偶的家庭收入是7 万美元"。① 或者是这样的题目，"在所有强暴的事件中，65％的受害人认识攻击者。如果我们与受到强暴的女性会面，其中只有 4 位受到陌生人强暴的概率是多少？""研究表明，36％的同性恋者由于其性倾向，容易受到肉体暴力的伤害。如果调查 150 位同性恋者，其中至少有 40 位受到肉体暴力伤害的概率是多少？"数学合乎女性主义规范的标准是，数学问题应该表现女英雄，打破社会的性别偏见，肯定妇女的立场和经验。如果能够做到这一点，那么，女性处理数学问题的能力将会得到加强，进而加入到数学家这一行列的女性也会越来越多。

因此，数学教育首先需要进行关于数学的政治教育。女性主义者指出，这种政治教育需要让学生认识到以下几点：(1) 数学与数学教育的政治本性；(2) 数学及其社会学结果中的性别与种族差异；(3) 在数学中，考察那些影响性别与种族差异的因素；(4) 批判性地评价数学中的欧洲中心主义和大男子主义。

再如，许多女性主义者都讨论了卵细胞与精子的受精过程，并认为在教科书或者科学著述中对这一过程的表述体现了人们的性别意识形态。女性主义者认为，传统观点总是取消卵细胞的主动性，而将这一权力赋予精子，但最近的科学研究表明（她们如此认为），受精过程中卵细胞是具有主动性的。因此，对受精过程的两种表述如下：在旧有的观点看来，"具有

---

① 保罗·R. 格罗斯、诺曼·莱维特：《高级迷信：学术左派及其关于科学的争论》，孙雍君、张锦志译，北京大学出版社 2008 年版，第 130—131 页。

勇猛气概的精子强有力地和有目的地游向漂移的卵子。在受精过程中，精子中的遗传基因刺激着被动的卵子的发育过程。"而在消除了性别偏见的新观点看来，"精子是无效的游动者，卵子活跃地攫取着精子，在受精后几个小时，卵子中的遗传物质单独决定着随后的发育。"然而，这样一种观点并不符合科学发展的真实历史，对卵细胞在受精过程中的主动角色的认识，至少从受精现象发现之初就开始了，因此，从 19 世纪后半叶以来，在任何科学意义上，卵细胞都没有被视为是消极被动的。①

　　达尔文也是女性主义批判的核心，女性主义将进化论等同于希特勒对犹太人的迫害，认为进化论体现了有关科学的粗俗沙文主义。女性主义者有理由将进化论者和达尔文视为男性至上主义者，因为达尔文曾经说过"男性比女性更有勇气、更好斗、更具有精力、更具有一种创造性的天才"。② 美国的爱德华·威尔逊也说，"雄性（动物种类中的大多数）具有进攻雌性的特征……可以赋予雄性具有进攻的、草率的、薄情的和盲目的特征"③。具有"达尔文斗犬"之称的英国生物学家，同时也在科学大战中扮演角色的理查德·道金斯著作中同样也充斥着男性主义的表述。于是，进化论者成为了女性主义的批判对象。但是，人们同样可以从进化论的著作中解读出女性主义的色彩，例如，进化论的另一代表人物华莱士就认为，人类的任何进步最终将依赖于女性的性选择，男人在人类的未来中是不可信赖的。不过，由于年轻的女性将会选择那些具有高尚道德品质和高超智力品质的男性作为自己的配偶，这样也就保证了人类社会的持续进步。再如，威尔逊的学生萨拉·布莱弗·海丁则说，女性可以通过隐藏其排卵期的技巧，让男性无法得知谁才是孩子真正的父亲，从而使男性一方面保持高度的警惕，另一方面则心甘情愿帮助哺育后代。现在，达尔文等人又成了女性主义者。迈克尔·鲁斯指出，实际上，达尔文等人的男性主义或女性主义形象都是在一些通俗读物和科普读物中出现的，为了迎合大众科学的需求，作者有意或无意地加入了一些性别和意识形态的

---

　　①　保罗·格罗斯：《害羞的卵子，勇猛的精子和托林潘蒂》，见诺里塔·克瑞杰：《沙滩上的房子——后现代主义者的科学神话曝光》，第 85—105 页。

　　②　迈克尔·鲁斯：《达尔文是男性至上主义者吗?》，见诺里塔·克瑞杰：《沙滩上的房子——后现代主义者的科学神话曝光》，第 188 页。

　　③　同上，第 189 页。

判断。但是在专业性的科学书籍中,专业和成熟的科学试图在价值和文化上保持中立,从而对实在做出无偏见的解释。

西方女性主义和后殖民主义的核心代表人物之一桑德拉·哈丁,采取下述思路来讨论物理学的性别负载:

(1) 某种程度上,西方社会是建立在男性和女性在价值与能力上存在着差异这一基础之上的;

(2) 这样一种信念是非理性的,也是有害的;

(3) 但这些信念却弥漫在社会制度与信念系统的方方面面;

(4) 因此,由于受到这些无法避免的不合理性信念的影响,物理学也会有偏见,也会受到歪曲;

(5) 于是,对导致物理学出现偏见和歪曲的这些原因的分析,最终会帮助我们对物理学及其发展进行澄清和纠正。①

科学哲学产生以来,物理学就是哲学家们最优先考察的对象,因为物理学作为一门最严格的学问,最大限度地满足了理想科学的可能特征,或者说它是硬科学中最硬的科学。因此,如果能够证明物理学中存在着性别偏见和性别歧视,那么,对自然科学其他领域的性别考察将会有一个完美的范例。这也是哈丁的初衷,她认为如果证明了物理学是一种性别产物,那么,其他科学也就很容易证明是具有性别负载的。但格罗斯和莱维特说,哈丁根本没有证明物理学的性别负载,只不过是在一系列的文字游戏和逻辑断裂中独断地宣称此点。

当然,女性主义的观点遭到了人们的反对,这种反对一方面针对具体的议题展开,例如,反对者指出,女性主义者的论证缺乏事实依据,存在断章取义、夸大其词、含糊不清、逻辑混乱等问题,同时他们也认为女性主义者在对某些科学概念的使用和理解上存在问题,其中相当一部分并不理解他们所经常使用的特定的科学内容。实际上,这些批判与科学大战中科学卫士们对后现代主义者的批判是一致的。

二、作为殖民主义先锋队的科学

后殖民主义(postcolonialism)也称后殖民理论(postcolonial

---

① Sandra Harding, *The Science Question in Feminism*, Ithaca: Cornell University Press, 1986, p. 41.

theory），是一种以前殖民地国家与前宗主国之间的文化关系为研究对象的理论思潮。沃里克·安德森指出，约50年来，在各种运动中，后殖民表明的是一个非常有歧义的智力场所，它已经被用于指代一个时期（殖民之后），一个区域（曾经是殖民地的地方），一种对殖民主义合法性的批评、对新建国家的意识形态支持，以及对西方知识与殖民计划合谋的证明，抑或揭露出了西方思想与实践中深层的矛盾、焦虑和不稳定性。① 这样一个宽泛的界定也说明了后殖民主义是一个非常复杂和模糊的概念，因此，有必要对它的发展历史与现状做一个简要的梳理。

（一）后殖民主义的历史与现状

对后殖民的"后"可以有两种理解：一是指代时间，也就是从第二次世界大战到20世纪六七十年代，第三世界国家开展民族解放运动，民族国家得以建立，全球殖民体系瓦解，新兴民族国家与西方国家的关系进入了后殖民时期；二是指对殖民主义的批评，它可以追溯到在殖民主义之初就已经出现的批评殖民主义罪恶的作品，例如对贩卖黑奴、种族屠杀的揭露和批判等。

有人认为，后殖民主义最早可追溯到弗朗茨·法农，特别是在《黑皮肤，白面具》一书中，他将精神分析法应用于殖民主义，从而使那些被压迫者的精神个性政治化。"法农描述了通过殖民实践，包括医学，产生的并不稳定的摩尼教式两分法是如何塑造了殖民者和被压迫者的身份以及彼此之间的关系的"②，这种身份和关系进一步发展，便成为了刻在被压迫者心灵底处的烙印。这很容易使黑人在灵魂深处产生一种自卑情结和一种劣等民族的痛苦，从而使得黑人被扭曲的心灵再交叠上更大的苦难，使黑人成为没有文化地位，也没有自主和民族自尊的"原始野人"。更多人则主张以爱德华·赛义德的《东方学》作为后殖民理论的开端。他认为，客观化的西方知识在殖民权力关系中是共谋的角色，西方学术也许是无意地与殖民机构勾结在了一起。这奠定了后殖民主义理论的思想方法和研究基调，此后的后殖民研究也正是沿着这条路走

---

① Warwick Anderson, "Postcolonial Technoscience", *Social Studies of Science*, Oct.-Dec. 2002, p.645.

② Ibid., p.646.

下去的。

在后殖民主义的研究领域中,产生重大影响的有三个人,即爱德华·赛义德、佳亚特里·C.斯皮瓦克和霍米·巴巴。

赛义德的主要代表作是前面提到的《东方学》,以及后来的《文化与帝国主义》。赛义德认为,西方人对东方的认识,是以西方文化为背景和标准的,也是以西方的思维方式来进行总结的。因此,东方学是西方对东方的"言说""书写"和"编造",在这套话语中呈现出来的东方,只是他们所认为的东方,而绝不可能是真正的东方。这是他们凭借政治、经济等方面的权力而获得的认识上的权力。知识蜕变为权力,其原因在于知识本身就是与权力联系在一起的。知识的定义是什么,检验知识非知识和反知识的标准是什么,这背后都隐含着文化的背景,进而成为权力的运作。西方人在认识东方的同时,把西方的价值观、思维方式和检验标准扩展到东方。因此,东方学所言说的并不是真实身份的东方,而只是西方人所希望它成为的某种状态,是使西方全球扩张合理化的文化论据。

斯皮瓦克是一位女权主义者、新马克思主义者和解构主义者。她选择强调坚持本土知识中迄今没有被人们所认识到的异质部分,通过给予那些在殖民主义中被迫沉默的人们即贱民(subaltern)以发言权,来重新找回那些失去的文化。在斯皮瓦克看来,失语者无非包括三类:种族(前殖民地民族)、阶级(贱民)和性别(女性)。如果说赛义德揭示出了东方学的真相从而引起人们对真正东方的关注,那么斯皮瓦克则指出了被压迫种族、阶级和性别并不是如人们以前所书写、所言说的那样,这些都是压迫者"认知暴力"的产物,从而使人们对这些被压迫者产生一种关怀。

霍米·巴巴是近来比较活跃的一位后殖民主义思想家。他认为,任何理论并不是单纯的逻辑推演,而是从活生生的现实中建构起来的。因此,理论就不可能是一个完美的整体,而只能跟现实一样,是一个多方面的矛盾体,这其中包含着很多的差异、歧义和悖论。或者说,不管理论在表面形式上有多纯粹,在本质上都是一种混杂或者杂交。同时,他强调文化差异是一个动态的概念,是在叙述者的叙述过程中,在面对与"他者"的文化交往中产生的。"文化差异则是这样一种过程:宣布文化是可知的、权威的,可以充分构建文化认同系统。"①文化差异导致了从单纯的民族文化到互动式杂交文化的确认,反映了两种文化在交往过程中的互变过程;同时,在这一过程中必然会出现语言之间的翻译工作,因此西方文化和殖民地文化的纯洁性便被彻底破坏了。可见,在这样一个开放式互动场所之中,单纯的民族文化的认同是不可能的,任何一种文化都是在与其他文化的交流过程中,通过与其他文化的相互规定和相互影响来认定其身份的,身份也就成为了多种文化的"共同制造物"(co-production)。因此,帝国主义的霸权话语也是一种混杂物。殖民机构对自身话语进行不断宣传,而对其他文化则进行规训并使之成为其本质,从而实现西方话语的霸权地位。霍米·巴巴通过将文化霸权用一种动态的过程描述出来,使人们更加真实地了解了霸权话语与土著话语之间的关系。

如果说上述后殖民主义的研究视野还是在一般意义的文化领域的话,那么,桑德拉·哈丁等人的研究则直接将后殖民主义的研究引向了科学。

(二)后殖民主义视野下的科学

尽管斯诺将科学视为文化的一类,但实际上,就科学的知识本性与自然本性而言,它必定与其他知识体系存在很大的差异,因此,近代以来哲学家和科学家们才试图以科学的标准改造人类其他的知识体系,从而实现统一科学的梦想。在这样一种认识论立场的指引下,当人们将视野转向跨文化的科学和技术体系的比较时,很自然就会用科学的合理性与科学性的标准作为评价其他文化和知识体系的基础。于是,本土的知识就具有了地方性的、封闭的、功利的、价值负载的等等特性,也就是说,科学独享了普遍性、无条件性、可信性等,而本土知识并不具备这些特征,因而也就不是科学。如果我们将上述后殖民主义的理论基调与社会建构主义的逻辑结论引入到对科学的跨文化比较的研究中,一个逻辑上的可能推论就是,西方科学也仅仅是一种地方性知识,它在认识论上与非西方的本土科学无太大差别;人们之所以此前认为科学是普遍的而本土知识是地方的,是因为人们对科学与非科学按照西方的标准做了二元区分,实际

---

① 霍米·巴巴:《献身理论》,马海良译,见罗钢、刘象愚:《后殖民主义文化理论》,中国社会科学出版社1999年版,第196页。

上,这种区分根本不存在,它都坍塌于社会建构主义的哲学立场之下。因此,后殖民主义的根本立场可以总结如下:"虽然知识体系在知识论、方法论、逻辑、认知结构和社会经济情境上千差万别,但是它们都共享了地方性这一特征。西方当代的技术科学与其说是对知识、合理性或客观性的一种界定,不如说是知识体系的一个变体。"①具体而言,后殖民主义具有以下特征。

第一,西方科学是西方世界推行霸权主义的一种工具,是伴随着西方世界的殖民扩张而推行到全世界的,是西方殖民主义的先锋队。

西方科学最初是靠宗教的传播和坚船利炮的武力而强行扩展到全世界的,很显然,这种成功仅仅是一种外在力量上的成功。但是,从当下来看,不可否认的是,西方科学的胜利已经从武力转变为了知识,因为它几乎成为了全世界范围内所有文化的共同的认知形式和认知标准。于是,所有文化和所有地域都开始采用统一的认知框架以描述自然,所有人都采取科学的世界观来处理其生活于其中的多样的世界,近代西方科学的图景已经统治了所有文化。在后殖民主义者看来,西方科学的成功,仅仅是西方社会凭借其政治、经济和军事上的胜利,进而在知识上所取得的霸权。激进的女性主义和后殖民主义领袖桑德拉·哈丁认为:"欧洲扩张把世界变成了欧洲科学的实验室,而欧洲科学则使这一扩张成为可能。"②因此,欧洲的殖民扩张历史,就是欧洲科学扩张其势力范围的历史。西方的政治、经济和文化扩张导致了非西方世界的政治附属、经济附庸和文化衰落的现状,但是,这种政治附属开始通过殖民地的独立运动而减弱,经济附庸也可以通过自己的经济发展而削弱,文化衰落又可以通过复兴传统文化而重新崛起,尽管这三场运动也非轻而易举。对于科学和技术而言,一方面人们迷惑于西方世界的普世科学观,它使得殖民地或前殖民地的被压迫者无法看到西方科学的本性;另一方面西方科学的全球独霸地位又不可避免地导致了本土科学和土著科学的急剧衰落,甚至消亡。在后殖民主义者看来,认识到西方科学的霸权地位是实现民族独立的一个

---

① 海伦·沃森-韦拉恩、大卫·特恩布尔:《科学与其他本土知识体系》,见希拉·贾撒诺夫等:《科学技术论手册》,盛晓明等译,北京理工大学出版社 2004 年版,第 89 页。

② 桑德拉·哈丁:《科学是"不错的思考材料"》,见安德鲁·罗斯:《科学大战》,夏侯炳、郭伦娜译,江西教育出版社 2002 年版,第 23 页。

很重要的前提。

第二,西方科学仅仅是我们理解世界的多种方式之一,它并不具有绝对性、普遍性和文化超越性,它同非西方科学一样,都是地方性知识的一种。

殖民主义者认为,非西方的科学只能是一种地方性知识,因为这种科学只有在非西方的本土文化语境下才是可理解的,或者说,它不具有超文化的普遍性,甚至也可以说,它本身就是文化的一部分。而只有西方科学才具有超越于文化的特权,对应于上面的说法,只有西方科学才不是文化。后殖民主义者则认为,西方科学同样是地方性知识的一种,就如同非西方科学必须在其独立的文化背景中才能得以理解一样,西方科学也是西方世界所特有的。哈丁总结了将西方科学作为地方性知识的四点原因:(1) 文化的产生需要特定的自然条件,并且会不断地与地方性的自然环境相适应,进而,不同的环境又创造出了在文化上不同的科学资源;(2)隐喻、模型以及其他相关的话语方式,不仅不会威胁到科学,而且还为我们理解科学、理解自然提供新颖的视角和有效的手段;(3) 每种文化都有其看待自然的独特视角,因此,它们都可能会对自然的某些方面特别感兴趣,进而制造出系统的知识,同时,由于视角的限制而忽略的内容则导致系统的无知也同时被制造出来,于是每种文化都会有自己的优点和局限;(4) 不同的文化会采取不同的社会组织形式进行知识的生产,例如,近几百年来,欧洲扩张成为西方科学知识生产的有效组织形式。因此,不同的组织形式会创造出不同的知识表述系统。① 基于这四点原因,不管是西方科学还是非西方科学都成为了一种地方知识系统。

第三,西方科学的"价值中立"是西方科学赋予自己的一种价值,这体现了其矛盾性,同时也是西方价值观输出的一种方式。

近代以来,西方思想界一直强调事实与价值的二分,其中,科学关注的是事实领域,它的目的在于通过经验主义的方法产生出关于这个世界的描述,因此,它是无关价值的。而非西方科学则是一种地方性知识,因此它被束缚于地方性的文化语境中,也就是说,它是价值有涉的。但是,在后殖民主义者看来,这种区分是有问题的。就如哈丁指出的,如果西方

----

① 　桑德拉·哈丁:《科学是"不错的思考材料"》,第 29—30 页。

科学声称自己是价值无涉的,那么,这正反映了其价值有涉性。因为价值无涉、中立和客观这些属性本身就是西方文化所赋予西方科学的核心特征。当这种科学进入非西方世界时,它所体现的就是西方文化对非西方文化的粗暴干涉与压制。因此,声称科学能够超越文化,成为全人类的普世标准,就像是声称西式民主是全人类的普世价值一样,都是西方文化偏见和西方意识形态全球输出的一种手段。

第四,西方科学是欧洲中心主义的产物,前殖民地国家要实现真正的独立就必须实现科学的独立。

后殖民主义者认为,以西方科学为代表的西方知识体系和认知方式是西方国家政治和经济利益的一种反映,是欧洲中心论得以建构的根基,是欧洲中心论的最好伪装,也是最后的伪装。因此,世界各国被压迫的阶层,包括非西方世界以及西方世界中的女性,应该建构出一种独立的认识论,从而完成解放自己的使命。要做到这一点,唯一可能的道路就是取消西方科学的认识论独断地位,即取消它的超越于文化的真理特征。在此意义上,后殖民主义和女性主义基于一种弱者的联合站在了同一阵线,甚至很多后殖民主义者本身也是女性主义者。例如,海伦·朗基诺呼吁女性主义者和后殖民主义者联合起来,发展一种新的科学,以取代当前西方科学的霸权。① 哈丁也主张,女性和非西方世界的弱者身份使其处于共同的边缘地位,这反而使他们可以从社会生活的空白处发展一种新的科学。

第五,西方世界针对非西方世界的发展策略实质上是殖民主义的继续渗透。

第二次世界大战后,以欧洲和美国为代表的西方世界开始制定一系列的发展策略,试图为非西方国家在科学、技术和经济发展方面提供帮助。但这种发展策略并没有真正起到发展的作用。一方面,从发展策略的实施者来看,负责发展策略的某些国家机构或联合国相关机构,其组成人员仍然是此前还在制定殖民地管理办法的同一些结构和同一些人,因此,发展策略仅仅是西方与非西方之间的殖民与被殖民关系的改头换面。

---

① Helen Longino, "Interpretation Versus Explanation in the Critique of Science", *Science in Context*, 1997(10), p. 117.

另一方面，就现实而言，发展策略不仅没有使被资助国家发展起来，反而加剧了其现状的恶劣程度。发展策略的实质是将自然资源和社会资源从穷人转移到富人，从而造成了第三世界国家的畸形发展。同时，北方向南方的工业化输出，也并没有改善南方国家的状况，其结果仅仅在于成功制造出了少量与北方决策者结盟的中产阶级，但是却造成了严重的环境破坏，带来了北方对南方政治、经济和文化生活的全面干涉与破坏。因此，西方世界或者北方国家所实施的发展策略，不管从其实施初衷还是从其客观结果来看，都不过是殖民主义策略的新形式。

总之，后殖民主义的核心策略在于利用社会建构主义的地方性知识观，将西方科学地方化为偶然性的地方知识体系，建构一种真正"平等"的认识论。如评论者所指出的："后殖民主义所要做的，就是禁止某一部落外部的人去评价该部落文化系统中信念的真与假，相反，却允许该社会与部落的人，以其内部的形而上学范畴或辩护标准把外来文化视为种族真理或帝国主义文化。"[①]在此意义上，我们可以说，后殖民主义尽管要求认识论的平等，但实际上所做的是将西方科学从认识论的神坛上拉下，接着又为其地方性的知识体系塑造新的认识论霸权。

后殖民主义对早期的种族理论来说是一个进步，因为早期的种族理论把信念上的差异解释为原始与先进、前逻辑与逻辑、劣等与优等之间的差异。不能否认，作为一种最初的方法论原则，反对采用外部标准来强行评价内部传统的做法是有意义的，至少是一种道德上的进步。但需要注意的是，这种宽容并不意味着不需要文化上的比较，任何一种文化都需要在与其他文化的批判性比较中生存与发展，并利用外部文化所带来的新鲜血液改进自己的文化。在后现代相对主义的理论基础之上，后殖民主义将西方科学与西方殖民扩张联系起来，并赋予西方科学以西方文化特性，从而试图为本土科学塑造一种等同于西方科学的认识论地位。这本质上是试图以一种霸权取代另外一种霸权，在理论上是说不通的，在现实中也是有害的。

---

① 蔡仲:《后现代相对主义与反科学思潮——科学、修饰与权力》，南京大学出版社 2004年版，第 280 页。

本章小结

当代的反科学运动已经成为学院内外的共同行为,尽管学院批判更注重哲学视角的分析和学术的考察,并不仅仅是从伦理道德和社会公平等方面对意识形态过度强调,而非学院的批判则更注重挖掘科学的意识形态内容,忽视哲学分析。他们的共同点在于:都主张科学的社会负载,都试图挖掘科学中的社会因素和文化因素。在科学大战中,这些立场被统一称为学术左派,如格罗斯和莱维特所言:"学术左派的科学批评不过是一种混合配对游戏,每个玩家都从他/她最喜爱的论战材料中,一点一点地攒集其思想武器——来点女权主义,用以控诉科学实践中的性别歧视;来点解构主义,以便颠覆对于科学理论的经典解读;也许再来点非洲中心论,以削弱科学成就必然与文化价值观相连的观点。"①

出现这种现象的原因是很复杂的,总体而言可以归结为两点。第一,随着现代科学从小科学阶段进入到大科学阶段,科学研究的社会性特征不断增加,科学开始真正成为一项社会性的事业。社会学家们将科学的社会性维度夸大为其唯一维度,并用社会取代自然,成为科学的基础,于是,科学就成为权力、修辞等社会因素的附属物。第二,随着科学和技术日益深入到人类生活的方方面面,科学技术的负面效应不断突显,同时人们对科学技术的影响也开始表现出不安,害怕在科学技术的重压下丧失人性中最重要的部分,这就更加强化了人们的批判性立场。但是,学界左派将科学社会化的做法却遭到了科学家和传统哲学家的一致反对,这种反对最终演变为发生在科学卫士与后现代主义者之间的一场科学大战。

■ 思考题

1. 如何反思霍根的"科学终结论"?

2. 有人认为库恩既谋杀了科学又拯救了科学,如何理解这一观点?

---

① 保罗·R. 格罗斯、诺曼·莱维特:《高级迷信:学术左派及其关于科学的争论》,第 12 页。

3. 社会建构主义在何种意义上是一种相对主义？

■ 扩展阅读

1. 保罗·R. 格罗斯，诺曼·莱维特. 高级迷信：学术左派及其关于科学的争论. 孙雍君，张锦志译. 北京大学出版社，2008.

2. 安德鲁·罗斯. 科学大战. 夏侯炳，郭伦娜译. 江西教育出版社，2002.

3. 大卫·布鲁尔. 知识和社会意象. 艾彦译. 东方出版社，2001.

4. 赵万里. 科学的社会建构——科学知识社会学的理论与实践. 天津人民出版社，2002.

第三章　索卡尔事件与科学大战

　　1996 年 5 月 18 日,美国《纽约时报》头版刊登了两条新闻:一条配有一幅彩色照片,是有关克林顿总统签署保护儿童条例的消息;另一条则报道了学术界的一起恶作剧,纽约大学的量子物理学家艾伦·索卡尔向著名的文化研究杂志《社会文本》(Social Text)递交了一篇诈文。这篇诈文一方面捏造了许多常识性的科学错误,另一方面,在自然科学的新进展与后现代主义之间生拉硬扯,捏造关联,其目的是为了检验编辑们的科学素养和学术诚实性。结果是令人失望的,5 位主编都没有发现这是一篇诈文,没有识别出其中的科学错误和逻辑缺陷,一致同意将它发表,引发了学术界的一场轰动,这就是著名的"索卡尔事件"。

　　索卡尔事件根源于后现代主义对科学的批判,是科学家对后现代主义者在科学上的滥用与学术逻辑上的过度推论而发起的一次反击。

第一节　索卡尔事件

一、索卡尔的"钓鱼执法"

　　对科学的反思思潮由来已久,但是从 20 世纪 70 年代开始,这种反思思潮在科学哲学中的某些命题以及库恩所开创的相对主义道路的启发下,开始将科学彻底化为社会的附属物,科学家们几百年来为之奋斗的科学真理,甚至哲学家们几千年来孜孜以求的确定性知识,都在这种相对主义思潮下被颠覆了。而随着社会建构主义的进一步扩展,它开始与一般意义上的后现代主义思潮结合起来,产生了女性主义、后殖民主义等极端观点,同时随着科学负面效应的突显,它也开始进入大众文化界,从而导致了全社会范围内对科学的质疑与批判,形成了声势浩大的反(思)科学运动。

　　这种反科学运动,从一开始就遭到了人们的反对,最初主要在科学哲学界和科学社会学界进行。以劳丹为代表的科学哲学家与以默顿学派为代表的科学社会学家，都对这种激进的科学知识社会学进行了批评。但是，这一研究不仅没有被扼杀，反而发展得如日中天。最后，科学史家和科学家们也加入了这场论战。如科学史家霍尔顿就写了《科学与反科学》一书对反科学现象进行了批判。1994 年，由美国弗吉尼亚大学生物学家保罗·R.格罗斯和拉特格斯大学数学家诺曼·莱维特合著的《高级迷信：学术左派及其关于科学的争论》成为当时最有影响力的反对后现代主义科学观的著作，它所产生的影响直接促使了索卡尔事件的发生。

纽约大学理论物理学教授，1996 年，在《社会文本》杂志发表《超越界线——走向量子引力的超形式的解释学》，对后现代知识分子对科学的滥用与浮躁的学术风气进行批评，引发了一场世界范围内的科学论战；在物理学研究领域默默无闻，反而是这篇诈文让他一夜成名。

艾伦·索卡尔（1955—　　）

　　索卡尔读了《高级迷信》一书之后，开始对后现代反科学思潮的学术品质和恶劣影响感到震惊，如其所言："近几年来，我一直在为美国学术界中，某些范围内的人文科学的知识的严格性标准明显下降的趋势而深感不安。"①于是他开始酝酿一篇诈文，以图揭露后现代知识分子的"皇帝的新装"。为了实现这样一种"钓鱼执法"式目的，他必须给出一篇极其荒谬但又不易察觉的文章。于是，他为这篇文章确定的标准是：它要符合当时后现代主义者在批判科学时的一贯风格，如强调意识形态的批判，用情感的共鸣取代严谨的逻辑论证，攻击科学权威，乱用科学术语等。用索卡尔的话说，一方面，它要足够"好"，从而能够迎合《社会文本》编辑们的意识形态偏见；另一方面，它又要足够"坏"，以使编辑们无法觉察索卡尔的意图。为此，索卡尔进行了精心准备，包括科学的准备和反科学的准备，在此

---

　　① 艾伦·索卡尔：《曝光——一个物理学家的文化研究实验》，见索卡尔等：《"索卡尔事件"与科学大战——后现代视野中的科学与人文的冲突》，蔡仲、邢冬梅等译，南京大学出版社 2002 年版，第 57 页。

基础上,写出了一篇为后现代哲学寻求科学证据、为激进的意识形态主张寻求科学支持的文章。他将这篇文章命名为"超越界线——走向量子引力的超形式的解释学"(Transgressing the Boundaries:Toward a Transformative Hermeneutics of Quantum Gravity),从名字也可以看出,这似乎是一篇高深莫测的文章,因为最前沿的科学和最艰涩的哲学、最抽象的科学术语与最时髦的意识形态宣称结合到了一起。

文章写好之后,索卡尔将之投给了在美国颇具影响力的文化研究杂志《社会文本》。之所以选择这样一本期刊,是因为它是美国学术界享有盛誉的一份杂志,在左派文化学者中具有很大的影响力,而且也正是由于其左派倾向,索卡尔的诈文才更容易被接受。当然,也有朋友提醒索卡尔,诈文很有可能被这本著名杂志的编辑们识破,因此,最好将文章投给某本不太知名的杂志。不过,为了达到最好的效果,索卡尔还是坚持将文章投给了《社会文本》。

在收到索卡尔的文章后,《社会文本》的副主编安德鲁·罗斯代表编辑部与索卡尔联系,对索卡尔向刊物投稿表示感谢,并说这是一篇"十分有趣的文章"。其时,《社会文本》杂志社为了反击《高级迷信》一书对后现代主义的批判,计划组织一期专刊,以对此进行回应。但是,如果对科学的批判完全是由人文学者进行的话,可能会缺少说服力,因此,编辑部希望最好能有科学家写作的科学批判文章。索卡尔恰好满足了这一条件。在对文章的结构进行了一些交流之后,编辑部欣然接受了索卡尔的文章。这期专刊被命名为"科学大战",于1996年5月份出版。

在文章被接受后,索卡尔就开始准备曝光诈文的工作。索卡尔最初打算等到2到3个月之后才公开披露这一诈文。不过,由于后来知情人越来越多,索卡尔不得不在诈文发表不到1个月的时间内,就将已经写好的曝光文章交给了《大众语言》(Lingua Franca)杂志。这篇文章就是《曝光——一个物理学家的文化研究实验》一文,发表在该刊1996年5/6月刊上。

诈文曝光后引起了世界范围内的关注。在此后的几年里,"索卡尔事件""索卡尔诈文""索卡尔的恶作剧"等报道充斥报端,如《纽约时报》《泰晤士报》等世界著名报纸都参与其中。各种学术期刊也开始就诈文事件组织专题讨论。例如,《大众语言》杂志在发表索卡尔的文章后,在7/8月刊上发表了《社会文本》杂志副主编布鲁斯·罗宾斯和安德鲁·罗斯的回应文章,同期刊发索卡尔的反驳文章,同时也刊发了多份读者来信,全部为著名学者所写,如女性主义者凯勒、科学社会学家斯蒂文·富勒、纽约大学哲学教授保罗·玻古西安和托马斯·内格尔、哥伦比亚大学比较文学系教授弗兰克·莫莱蒂等十几位学者。在诈文发表后,索卡尔曾写了一篇《超越界线:后记一则》投稿给《社会文本》,但是被该刊拒绝,随后索卡尔将该文投给了《异议》(Dissent)杂志,并发表在该刊 1996 年秋季号上。该刊随后在冬季号上刊登了《社会文本》的创始人和编辑之一斯坦利·阿罗诺维茨与索卡尔的讨论文章。《梯坤》(Tikkun)杂志在 1996 年9/10、11/12 月刊上登发了布鲁斯·罗宾斯和索卡尔的讨论文章。法国《解放报》(Libération)在 1996 年至 1998 年发表 7 篇讨论文章,其中包括比利时理论物理学家和科学哲学家让·布里克蒙特与索卡尔合作的文章两篇。法国《世界报》(Le Monde)从 1996 年底至 1998 年发表相关文章20 篇,其中包括布里克蒙特、索卡尔和著名哲学家雅克·德里达、布鲁诺·拉图尔的文章。此外,《研究》(La Recherche)、《物理世界》(Physics World)、《今日物理》(Physics Today)等杂志也相继发表包括索卡尔、布里克蒙特、哈里·柯林斯、伊丽莎白·斯唐热等著名学者撰写的讨论文章。争论双方也连续出版多本著作进行论战,如诺里塔·克瑞杰主编的《沙滩上的房子——后现代主义者的科学神话曝光》(1996)、保罗·格罗斯、诺曼·莱维特、马丁·刘易斯主编的《飞离科学和理性》(1996)、索卡尔和布里克蒙特的《时髦的胡说:后现代知识分子对科学的滥用》(1998)、诺曼·莱维特的《被困的普罗米修斯:科学与当代文化的矛盾》等,都表示了对后现代知识分子的抨击。而作为对立一方,安德鲁·罗斯将《社会文本》"科学大战"专刊的文章汇集成册以《科学大战》(1996)为名出版,当然,索卡尔的文章肯定是要被排除的。马里奥·比尔乔利将科学论领域的一些重要文章汇编成一本论文集《科学论读本》(1999),吉斯·马丁·阿什曼和菲利普·夏夫利·巴林格主编了《科学大战之后》(2001),杰伊·拉宾格和哈里·柯林斯主编了《一种文化:关于科学的对话》(2001)等。

　　双方掀起了一场科学与人文的大论战,几乎涉及了全球范围内的科学家、哲学家和其他关注科学的相关学者,并且,大众媒体对这场争论也相当关注。它代表了科学与人文论战在大科学时代与科学负面效益突显背景下的一个新阶段。

二、诈文诈在何处

那么,索卡尔的诈文"诈"在何处呢?

从形式上看,索卡尔的诈文共包含 35 页版面,其中近 10 页为参考文献,11 页为注释共 55 条,参考文献和注释加起来比正文还要长好几页。由于文章太长,特别是参考文献和注释太多,编辑曾经要求索卡尔进行适当删减,但索卡尔以论文的严谨性为由拒绝了编辑的建议。

从内容上看,诈文具有以下几个特点。

1. 意识形态批判的主导性地位

索卡尔开宗明义,列举了在对待物理世界和自然科学问题上的两种对立观点。第一种是"后启蒙运动霸权长期强加在西方学术界的教条",这一教条包括,"存在一个外部的世界,其特性独立于任何个体的人,甚至独立于作为总体的人类存在;这些特性被隐藏在'永恒的'物理学规律之中;人们能通过(所谓的)科学方法所规定的'客观的'程序和认识论上的规范,来获得关于这些定律的可靠的,虽然是不完备的和试探性的知识。"很显然,这是传统科学哲学理性主义科学观的体现。另一方面,索卡尔说,20 世纪科学的发展已经否定了这一笛卡尔—牛顿式的形而上学,并且随着科学史、科学哲学、女性主义、后现代结构主义等的批评,客观性的神话已经被推翻,其背后所隐藏的占统治地位的意识形态开始被揭露出来。于是,一种具有解放意义的科学观就是,"物理'实在',只不过是一种社会'实在',本质上是一种社会和语言的建构。科学'知识'远不具有客观性,它反映或隐含着其赖以生存的文化中的占统治地位的意识形态或权力关系;科学真理的断言本质上具有理论负载和自我指涉,因此,科学共同体的话语,尽管其具有不可怀疑的价值,但从不同见解者或受排斥的团体中产生出来的反霸权的叙事来说,人们不能够断言它们具有一种认识论上的权威地位。"①

从索卡尔的整篇文章来看,他的工作实际上并不能单纯地说是对后

---

① 艾伦·索卡尔:《超越界线——走向量子引力的超形式的解释学》,见索卡尔等:《"索卡尔事件"与科学大战——后现代视野中的科学与人文的冲突》,第 2 页。

现代主义思想发展的历史与现状进行概括或推进,而是凭借其作为科学家的身份优势和知识优势,论证了 20 世纪科学的发展与政治化的意识形态结论之间的关系,尽管索卡尔对这种关系的论证漏洞百出。

2. 大量科学知识的堆砌

为了论证科学与意识形态结论之间的逻辑关系,索卡尔援引了大量的科学结论和科学知识,例如量子力学、广义相对论、量子引力、微分拓扑学和同调理论、流形理论等。文章对这些理论的特征、发展历史及其与意识形态结论之间的关系,进行了论证,从结论而言,它与后现代主义者所宣称的观点之间具有一致性。

3. 常识性的科学错误

索卡尔认为,当人们评价科学特别是批判科学的时候,他们得首先了解所批判的对象,对于后现代主义者而言就是必须懂得科学。因此,索卡尔在对科学知识的讨论中,模仿后现代主义者对科学概念的使用方式,但却或隐或明地故意犯了不少错误,以考察《社会文本》编辑们的科学素养。例如,圆周率Ⅱ和万有引力常数 G 不再是一个常数,反而成为了历史性概念;在注释 46 中,索卡尔写道,"复数理论,一种新的和相当具有猜测性特点的数学分支",并在正文中说复数理论是后现代科学的一种,其特征是比喻自然,而不是精确地描述自然。即便是仅仅接受过中学教育的人,也能看出这点是成问题的。

4. 科学证据与意识形态结论之间的无效推理

为了表明后现代主义者们在科学与意识形态结论之间所进行的胡乱联系,索卡尔模仿前者任意性地将科学和政治结合在一起。例如,索卡尔从数学集合论中的等价公理推导出了男女平等,并认为等价公理反映了 19 世纪自由主义的起源,而实际上,等价公理说的是两个集合等价当且仅当这两个集合包含了相同的元素时;认为在科学和数学教育中,必须消除权威主义和精英主义的特征,相关课程的内容也必须通过综合女性主义、同性恋者、多元文化论者的生态批评运动的观点而得到丰富;认为后现代科学,不管从内容上还是从方法论上,都为进步的政治纲领提供了思想支持,这种支持要求超越界线,打破障碍,实现社会、经济、政治和文化生活的全方位的彻底民主化,只有进步的科学,才能够满足一个民主化的未来社会的要求。很显然,索卡尔所指出的科学前提与结论之间并无明显的逻辑关联,至少在他的文章中并没有进行论证,而只是将前提和结论粗糙地连接到了一起。

从诈文的主要内容和写作方法可以看出,索卡尔认为后现代主义者对科学的批判大多是一种没有逻辑依据的左派情感和意识形态宣泄的表现,他们对科学概念的使用也都充满着谬误和无知。科学和逻辑上的错误使得后现代主义成为了一个以政治上是否正确为一切是非标准的非理性领域。

当然,在索卡尔曝光诈文后,《社会文本》的编辑们也对此进行了澄清。例如,罗宾斯和罗斯在《神秘科学的大舞台》一文中,首先表示后悔发表索卡尔的文章,接着向在诈文事件中受到诋毁的科学论学者和文化研究团体致歉。他们辩称,编辑们最初并不认为索卡尔的文章是一篇多好的论文,也并不是因为其物理学家的身份才接受稿件的。相反,他们觉得索卡尔的文章中充满着缺点,他们认为索卡尔的文章非常做作,而且在学术观点上已经过时,是一篇"笨拙"的文章,他只能"武断地体会该领域[后现代哲学]行话的意义",并且"依赖于大量脚注弥补自己的不足"。① 不过,考虑到索卡尔是一个物理学家,表现出了从其研究领域向后现代哲学发展的某种期望和尝试,并且在后来的来往信件中非常关心文章的进展,多次表现出希望文章发表的意愿,因此,出于对索卡尔这种尝试的鼓励,他们同意发表他的文章。当然,这并不代表他们赞同索卡尔的观点,而且,他们还给索卡尔提出了修改文章的建议,如删除许多哲学推论,并删除大部分脚注。但是索卡尔并不同意修改,他的态度是要么按原文发表,要么就不发。于是,编辑们将索卡尔视为"麻烦的、不合作的作者"②,他们的态度是索卡尔的文章有太多毛病,所以不能发表。不过,他们又声称,自己并没有把索卡尔的文章放在被拒之列,他们的看法是,如果有合适的文章组成一个专题一起发表,或许能够引起读者的兴趣。最终的结果是,这篇文章被放到了"科学大战"专刊中。当然,编辑自称其目的并不是看中了索卡尔的身份,而是为了让索卡尔以及读者能够在同一期的其

---

① 布鲁斯·罗宾斯、安德鲁·罗斯:《神秘科学的大舞台》,见索卡尔等:《"索卡尔事件"与科学大战——后现代视野中的科学与人文的冲突》,第220页。

② 同上,第221页。

他文章中找到索卡尔问题的答案。因此,编辑认为索卡尔想利用这样一个事件嘲笑《社会文本》的编辑以及后现代主义学术界,而且如果有人以此质疑文化研究的学术水准,都是根本错误的,甚至是一种以怨报德的行为。

除了对论文发表的相关程序和索卡尔本人在这一事件进展过程中的态度进行批评外,《社会文本》也对索卡尔本人的哲学修养进行了批评,例如,阿罗诺维茨说索卡尔"阅读能力差,只受过半截子教育"。诚然,索卡尔本人也承认自己"只是一位对科学哲学带有业余兴趣的物理学家",但是,他却在接下来发表的文章中,从科学哲学的角度对《社会文本》的编辑们所代表的后现代主义思潮进行了批判。同时,随着越来越多的科学家、社会学家、哲学家、文学批评家加入进来,于是在以科学家和传统理性主义哲学家为主要代表的科学卫士与以社会学家、文学批评家、女性主义群体等为代表的后现代主义者之间展开了一场大的论战,这场论战涉及了科学知识的本性、科学与技术的限度,以及社会学能否成为分析科学的工具等。这场论战就是所谓的"科学大战"。

第二节 科学大战及其反思

索卡尔事件发生后,双方争论不断升级,大量的著作在一种论战式气氛中发表出来,甚至有时论战式激辩取代了学术的理性反思。这种毫无结果的争论让双方阵营中的很多人都感到不安,因此,科学家和社会学家们开始寻求坐在一起进行讨论以求和解的机会,这种努力甚至在《高级迷信》出版前后就已开始。在这种背景下,他们组织了几场学术讨论会。一次是 1994 年 9 月哈里·柯林斯与英国科学促进协会的生物学家刘易斯·沃尔伯特之间的对话,但这场对话以双方无法沟通结束。1994 年 12 月,富勒在英国达拉谟组织了另外一次会议,不过,富勒对这次会议的评价是"令人绝望的"。1995 年 10 月,在科学的社会研究学会(4S)的年会上,格罗斯和莱维特对学界左派进行了进一步的澄清与批判,不过,交流与沟通的目的仍然没有达到。1997 年 5 月,在温伯格召集的一个小型会议上,事情有了转机,物理学家默明开始与其最初的批判对象柯林斯找到了共同点,他们对索卡尔的观点持保留态度。同年 7 月,在南安普敦大学召开的另外一次会议上，为了营造一种更加轻松且信任的氛围，主办方在正式会议前首先安排了一天进行旅游观光，以便大家能够建立起信任关系与恰当的沟通机制。第二天，8 位与会者进行了封闭式讨论，到第三天，在已经达成信任与理解之后，会议才正式对外公开。这次会议的结果就是《一种文化》一书的策划与出版。

实际上，科学大战一直是在双方的不信任与对立中进行的，因此，在一定程度上，科学大战成为了一场混战，很多时候"嘲笑""拒斥"等不合作的态度代替了理性的讨论、交流与谅解。从这种论战式对立中，我们可以梳理出双方争论的几个核心问题。

一、科学大战的核心议题

从论战双方来看，一方以科学家和传统的理性主义科学哲学家为主，另一方则以激进的科学知识社会学家与后现代主义的科学批判者为主。实际上，这是一个非常宽泛的界定，因为这场争论本身就是一场混战。特别是对于社会学家或者后现代主义者而言，他们的阵营界线并不明晰，当然这部分原因也在于科学卫士们在勾画其批判对象时的模糊做法。例如，在 1994 年的《高级迷信》一书中，格罗斯和莱维特将其对象描绘为"学界左派"，这些左派的共同特点是"厌憎科学"，"主要由人文学者和社会科学家组成"，具体包括女性主义者、环境论者、多元文化论者或非洲中心论者等。① 但是，到了 1997 年，格罗斯的批判开始从"后现代主义者"和"学界左派"转移到 STS 上，他说："在 STS 这个重要领域内部，科学知识是另类事业……它要把科学置于其他信仰体系中。它坚持科学只是一种叙事，一种应当对白人、欧洲、资本主义的等级制度感恩的叙事，因为它是被这种等级制度所建构出来的。"②可以看出，格罗斯并未对 STS、非洲中心论、女性主义及反西方主义进行区分，所有这些都被视为同一阵营。实际上，科学卫士们后来都开始将矛头转向 STS，或者其中的某一特殊学派

① 保罗·R.格罗斯、诺曼·莱维特，《高级迷信：学术左派及其关于科学的争论》，第 3—4 页。

② 奥利卡·舍格斯特尔：《科学和科学的社会与文化研究：敌人还是盟友？》，见《超越科学大战——科学与社会关系中迷失了的话语》，黄颖、赵玉桥译，中国民大学出版社 2006 年版，第 23 页。

SSK。索卡尔在后来的文章中,特别关注从科学哲学和科学家的视角对科学知识社会学进行批判。而根据舍格斯特尔的认定,争论并不是发生在科学家和研究科学的学者之间,而是发生在小部分相关的科学卫士与SSK之间,或者说是科学与相对主义、科学与社会建构主义之间。当然,随着 STS 或者其中的 SSK 成为被批判对象这一形势的明朗化,STS 的研究者们对科学卫士们的这种做法也感到非常愤慨,他们开始组织会议,发表文章,以回应这种批评,甚至有人还试图要对这些科学卫士们提起诉讼。

实际上,将批判矛头指向 SSK,代表着科学大战中的学术论战开始从一种混乱的、缺乏逻辑的情感式批判,转向以理性反思为主的学术讨论。综合来看,科学卫士们与 SSK 之间的冲突主要有以下几个方面。

1. 谁更有资格评价科学

索卡尔之所以要写诈文,其目的就在于表明 SSK 学者和后现代主义者们对科学的分析在某种程度上是错误的,这种错误一方面是知识性的,另一方面是逻辑性的。因此,在诈文看来,非科学人士实际上并不具备评论科学的资格。于是,科学家们试图维护万尼瓦尔·布什在《科学:无止境的前沿》中为科学与政治划定的界线,认为科学的事业应该由科学家或者至少由懂科学的人进行管理。而后现代人文主义者则认为,对科学讨论资格的要求,实际上是科学霸权的一种体现,也是科学家维护其认识论地位和政治地位的手段。内尔钦对科学家的这种态度评论道:"这些评论家们是不是在暗示,'外行人'根本无权对科学进行批评,而只能表示祝贺、宣扬或是称赞呢?"[1]哲学家菲利普·基彻表达了同样的看法,"格罗斯等人的批评看来渴望回到过去,勾引起人们那美好的回忆:在其中,只有'友好的'理性—实在论的论题能够被传播,外行人只能够围绕着科学家的篝火唱赞歌。"[2]因此,不管评论人士是不是科学家,懂不懂科学,他都有权利评价科学。罗宾斯和罗斯指出:"可悲的是,这一结果将会强化认为只有专业科学家才有资格、有权利对影响我们所有人的科学事实发

---

① 多乐茜·内尔钦:《科学大战——用什么做赌注?》,见索卡尔等:《"索卡尔事件"与科学大战——后现代视野中的科学与人文的冲突》,第 294 页。

② 菲利普·基彻:《为科学元勘辩护》,见诺里塔·克瑞杰:《沙滩上的房子——后现代主义者的科学神话曝光》,第 69 页。

表意见的假设。对我们来说,重要的不是对'两种文化'理解上的鸿沟,而是专家和外行人在发表意见的权力上的鸿沟以及科学和军国主义的国家之间变化着的关系。"①甚至夏平、拉图尔等也指出,不懂科学是社会学家在研究科学时能够保持客观中立态度的一个前提条件。当然,这一观点在社会学家内部也并不完全一致。例如,柯林斯就声称,当社会学家们试图保持外行人的立场时,他们实际上是对科学中所发生的事情感到困惑而不得已做出的选择而已。他的立场是:将一个学科的知识区分为"互动的专业知识"(interactional expertise)和"贡献性的专业知识"(contributory expertise),前者是指尽管没有进行深入专业研究的能力,但是已经掌握了某一特殊领域的行话,而后者则是指掌握某一专业领域进行专业研究的知识。他认为,社会学家应该掌握前一种知识,这样,"我就可以研究科学了,这是我掌握了科学的标志"②。

在后现代主义学者中,还有一种更加严厉的立场,即主张在科学家与人文学者的研究领域之间划定一条界线,双方在各自的限度内活动,不得越线。例如,布鲁斯·罗宾斯就指出,科学家要为自己划界,"一条科学帝国主义控制之外、科学帝国主义不敢跋涉的坠入情网之线"。在这条界线的自然一侧,"是非人类的自然的对象,这些对象可以用数学的、非历史的语言描述",在另一侧,"是类似于坠入情网的对象,这类对象基于它们如何被感受、被体验、被解释而获得意义"。③

不过,在 1997 年 7 月召开的南安普敦会议上,与会者们通过细致、学理化的学术讨论而非简单的争论达成了基本的一致,即 STS 对科学的研究是颇有裨益的,尽管人们对这种裨益的具体表现并不是十分清楚,起码双方承认在论战过程中彼此之间存在着太多的误解和歪曲。因此,真正需要做的并不是相互咒骂,而是增进了解,"求大同而存小异,把无结果的对立转变成富有建设性的不同意见"。④

---

① 布鲁斯·罗宾斯、安德鲁·罗斯:《神秘科学的大舞台》,第 224 页。

② 哈里·柯林斯:《改变秩序——社会实践中的复制与归纳》,成素梅、张帆译,上海科技教育出版社 2007 年版,第 206 页。

③ 布鲁斯·罗宾斯:《规训帝国主义》,见索卡尔等:《"索卡尔事件"与科学大战——后现代视野中的科学与人文的冲突》,第 239—240 页。

④ 杰伊·A. 拉宾格尔、哈里·柯林斯:《一种文化?——关于科学的对话》,张增一等译,上海科技教育出版社 2006 年版,第 347 页。

2. STS 是反科学的吗？

索卡尔在《曝光——一个物理学家的文化研究实验》一文的开篇处就引用了劳丹的一段话表明自己对于 STS 领域学术水准的质疑，这段话是："用主观的兴趣和思想来代替事实和证据这种做法（只服从于美国的政治运动）是我们时代最突出的和最有害的反理智主义的表现。"①进而，索卡尔从几个方面表明了 STS 的反科学立场，包括：从证据对理论的不充分决定性推导出证据对理论毫无作用，理论选择完全是社会选择的结论，将真理等同于主体之间的一致性，相对主义，甚至无视科学与伪科学之间的任何认识论差异。美国科学史家杰拉尔德·霍尔顿在《科学与反科学》一书中也同样将 STS 的学术立场界定为反科学。

针对这种指责，STS 领域的研究者们觉得非常无辜，因为他们自认为是支持科学的，而且自认为采取了科学的方法来研究科学，所以才自称为科学知识社会学。例如，布鲁尔自认为采取了科学的立场，这些立场"是诉诸因果关系的、理论性的、价值中立的、时常是还原论的、在某种程度上是经验主义的，而且归根结底是唯物主义的"，他的目的在于"把社会科学尽可能紧密地与其他经验科学的方法联系起来"，进而，"只要像研究其他科学那样研究社会科学，一切事情就都可以做好"。他坦然承认，社会学要与其他科学（自然科学）建立在"同样的基本原理和假定"之上，而且，"社会学只能以这些基本原理为基础，它既没有其他的选择，也没有其他更加合适的模型供它选择。因为这种基础就是我们的文化。科学就是我们的知识的存在形式。在我看来，所谓知识社会学与其他科学同舟共济，既显然是一种令人向往的命运，也是一种非常有可能变成现实的预见。"布鲁尔的最终目的在于，确立一种科学的科学知识社会学，从而能够使它获得与自然科学一样的认识论地位。② 在此意义上，甚至有学者指责布鲁尔等人是科学主义者。

实际上，布鲁尔等人的立场中存在一个矛盾。当社会学家们要求以科学的方法研究科学时，他们赋予了科学方法以认识论的优先性；然而，以这种方法对科学进行研究的结果却是将科学视为社会建构产物，这就

---

① 艾伦·索卡尔：《曝光——一个物理学家的文化研究实验》，第 57 页。
② 大卫·布鲁尔：《知识和社会意象》，第 250、256 页。

又取消了科学的认识论特权。这样就产生了一个认识论的悖论:如果科学方法具有认识论的优越性,那么最终结论是这种优越性被取消;如果科学方法在一开始就不具有优越性,那么科学知识社会学自身事业的合理性又会受到质疑。

实际上,指责对方是"非科学的",这只是一个斗争策略,甚至大卫·艾杰等社会学家也开始指责科学家在论战中采取了不科学的立场。出现这一现象的原因在于,两者对科学的强调点不一样,科学卫士们的科学概念是偏重于认识论的,而科学知识社会学家们则更加强调科学的方法论特征。

3. 科学大战是一场资源争夺战吗?

在双方看来,争论的发生都是源于对资源的争夺。社会学家内尔钦指出,科学界过去一直消极反对创世论、动物保护主义者以及其他相关的反科学组织,但为什么现在开始热衷于此了呢? 其主要原因在于科学本身以及科学与国家关系的变化,这表现在:冷战结束、国防研究削减和国家财政赤字导致科学所可能获得的资源减少;科学家自我控制能力降低,科学家的科研不端行为被不断曝光,使得万尼瓦尔·布什式契约丧失了基础;媒体和政府部门的调查显示,科学家经常在未采取安全措施的情况下,以人体或动物进行某些科学试验;科学研究中,经济项目的竞争开始突显,这导致了科学研究的目的从对知识的纯粹追求转变成了对商业利益的追逐。① 所有这些,都导致了政府对科学研究的某些领域,特别是超大规模的科学项目研究经费的削减,甚至导致了某些科研项目的流产,如美国超级超导对撞机项目。在社会学家们看来,科学家之所以开始向各种反科学现象进行攻击,就是因为他们认为正是各种反科学现象以及社会学家们的宣扬导致了政府科研经费的减少。

当然,科学卫士中也有人认为,后现代主义者们看到科学拥有了太多的科研资源,出于羡慕与嫉妒从而对科学进行批判;格罗斯也指出,STS之所以能够发展成为一项声势浩大的国际性运动,政府肯定对其资助了大量经费。

4. 科学知识是合理的还是相对的?

在 2001 年的一篇文章中,为了摆脱不懂科学哲学的素朴实在论者的

---

① 多乐茜·内尔钦:《科学大战——用什么做赌注?》,第 295—297 页。

印象，索卡尔在对 SSK 的基本观点进行总结的基础上，也对之进行了科学哲学层面的分析。他挑选出了 SSK 的几类错误观点：

> 科学中，理论主张的合法性绝对不取决于事实性因素。
>
> 在科学知识的建构过程中，自然界仅仅担当极小的，或微不足道的角色。
>
> 任何科学争论的结束都是自然表征的原因，而不是结果，因此，我们永远不能用结果（自然）来解释某一科学争论如何以及为什么得以解决。
>
> 对于相对主义者（如我们自己[巴恩斯和布鲁尔]）而言，不存在这样一种思想，即：某些标准或信念是真正理性的，明显有别于地域性标准或信念。
>
> 科学通过把科学发现与权力联系在一起，实现其自身的合法化；这种联系决定了什么是可靠的知识……①

在另外的一篇文章中，索卡尔区分了科学的本体论、认识论、知识社会学、个体伦理学和社会伦理学层面。其中，本体论涉及何物存在于世界之中，且何种陈述对应于此对象为真；认识论涉及人们如何获得关于世界的知识，以及如何断定这些知识的可靠性；知识社会学层面关注在特定的社会条件下，社会、经济、政治、文化与意识形态因素如何影响人们对真理的认识；个体伦理学是指个体科学家应该选择从事或者拒绝何种研究；社会伦理学涉及社会应该鼓励或禁止什么样的研究。在索卡尔看来，社会建构主义在本体论上认为对象是被建构的，在认识论上认为科学是一种主体间的一致，知识的具体内容在社会学层面上能够受到社会因素的影响，在个体伦理学和社会伦理学上社会因素取得了进入科学知识内部的途径。这样的观点实际上混淆了科学的这几个层面之间的差别，其关键之处在于，建构性只能停留在科学的外围，而科学知识在内容上只能服从于"理论逻辑和实证逻辑"。

---

① 让·布里克蒙特、艾伦·索卡尔：《科学与科学社会学——超越大战与和平》，见索卡尔等：《"索卡尔事件"与科学大战——后现代视野中的科学与人文的冲突》，第 65 页。

沃尔伯特也指出,科学哲学对于科学而言毫无用处,因为科学家在进行科学研究时有自己独立的理论判定标准,这些标准包括简单性、全面性、富有成果性和高雅度。①

而 STS 学者则认为,沃尔伯特的几个标准确实是实践中的科学家所经常使用的,但是这些标准很难说就是完全客观的,因为它们的使用仍然要取决于科学共同体的一致同意,而且这几个标准的内涵在不同的历史时期也是不一样的,这就说明了科学的评价标准仍然是具有历史相关性的,这同样又回到了库恩的道路之上。

同时,STS 认为,科学卫士们所谓的 STS 的反科学主张,其实大部分都是科学家自己说的。夏平对这些主张进行了总结:科学方法并不存在;现代科学只存在于而且也只适用于今天,与其说它的目的是探索自然真理,倒不如视之为股票市场上的一种投机;新知识只有在成为社会知识之后才能获得科学地位;人们既不能把观察到的现象也不能把所观察现象的性质归结为通常物理学意义上的某个独立实体;物理学的概念是人类心灵的自由创造;科学家并没有发现自然界中的规律,而只是把规律赋予了自然界;尽管人们认为科学是由于其真正的客观性而获得荣誉的,但实际上它配不上这种尊重;把科学家描绘成思想开放之人,并认为他们是完全凭借证据来支持或反对某种观点的,这完全是胡扯;现代物理学是建立在某些根深蒂固的信条的基础之上的;科学共同体能够容忍并无真正事实根据的假设;在任一历史时刻,公认的科学说明中不仅包含社会决定因素,而且其本身也具有社会功能。这些看起来非常后现代,甚至反科学的主张,并不是来自于社会学家、文化研究学者或女性主义者,它们都是 20 世纪某些非常有名的科学家说的,他们中间甚至还有部分诺贝尔奖获得者。

实际上,科学卫士们的这种指责并不是十分准确的。当科学卫士们将各种派别的后现代主义者放到一起的时候,他们在很多时候忽视了这些团体彼此之间的差别,前文已经指出此点;而这种忽视,很容易将不同流派的观点混淆起来。例如,严格的 STS 学者并不十分关心科学的意识形态内容或政治内容,或者说这种关心是其社会学事业的一个结果,而不是初衷。他们更加关注科学的理性主义模型的不合理性,即科学的认识论层

---

① 奥利卡·舍格斯特尔:《科学和科学的社会与文化研究:敌人还是盟友?》,第 23 页。

面,尽管对认识论的这种关注是以社会学而不是认识论的方式展开的。因此,我们对科学卫士群体与STS群体的关注也更应该从认识论层面展开。

二、科学的自然维度与社会维度

科学实际上是一种非常复杂的现象。首先,它在很多时候表现为一种知识体系,这样它被要求成为一种客观的、理性的知识系统;其次,它又是在具体的历史和社会语境中的人类行为,因此它又不可避免地受到人类社会的影响。从哲学的层面来看,如果人们在反思科学时对这两个层面各执一端,那么就会出现科学与反科学两种立场。哲学家菲利普·基彻将科学的这两个层面表述如下。

一方面是科学的实在论与理性主义维度,这一维度包括:

（1）科学研究具有进步性,这种进步体现在人们对自然的预言与介入能力不断增强。显然,与艺术和文学的历史发展相比,科学的历史发展是截然不同的。例如,过去的观点仍然被教科书所使用,对未来科学家的教育过程似乎也可以视为本学科历史的重现,旧时的工具与技术,不管它是物质层面还是概念层面上的,在当下都仍然可用。

（2）这种预言和介入能力的增强表明了科学研究中的实体是独立于对它们的理论描述而存在的,而且,人们的许多描述是近似正确的。怀疑某种实体的存在,就如同怀疑桌子上的一个杯子的存在一样可笑。根据生物学家编制的基因图谱,我们可以对机体进行某些操作,可以制造酵母、苍蝇、老鼠等。同样显然,除非存在着基因,除非我们的基因图谱是近似正确的,否则我们的这些操作和制造都是不可能的。

（3）尽管我们有权声称我们对自然的描述是近似正确的,但科学断言容易受到未来的反驳,因此,或许明天就不得不对其进行改动。尽管我们认为对自然的成功介入使得我们有理由相信科学是近似正确的,但这并不意味着科学将永久不变。科学发展中也充满着错误或者不准确性,过去的错误被今天所纠正,同样有理由相信,今天的错误也可能会在将来被修正。我们要相信科学,但这并不意味着科学不会犯错。

（4）在几乎所有科学领域中,人们的观点是建立在证据的基础上的,科学争论的裁决标准也是理性与证据。自然科学的一个突出特征就是:它拥有一套几乎获得公认的方法准则,这包括如何进行观察,如何展开实验,如何形成或保持公认的准则以从事科研工作,如何进行数学推理以获得同行承认。证据和理性准则的护航为科学确立了牢固的根基。

(5)随着我们对世界了解的深入,随着我们发展出更多用以把握世界的方法,这些理性与证据的标准也会随着进步。例如,伽利略意识到教条和文本无法成为科学的依据,而观察和实验数据才是科学评价的标准;与其前辈相比,达尔文清晰地认识到,他的理论需要一种明确的、广泛的、系统化的观察为依据。这些都代表了科学证据与理性标准的进步。

另一方面,由于科学是一项人类的事业,因此,它也包含了另一维度,即社会维度。

(1)科学是一项人类事业,也就是说,是由生活在一定历史条件下、带有复杂的认知结构和认知局限的生物所从事的事业。科学研究无法割裂于社会之外,从事研究的科学家也不是超然于世界的逻辑主体,他仍然是活生生的人,要受到其他科学家以及其有限的逻辑能力和广泛的社会背景的影响。

(2)只有凭借科学家共同体在历史上所塑造的范畴和偏见,科学家才能够深入到实验室或者研究领域之中。科学家们在进行观察和实验时,在评价同行的相关工作时,总要借助于一定的公认标准。这些标准则大多来自他们所接受的科学训练,而且,他们只是接受了这些标准,对于其中的绝大部分并不会进行独立的检验。

(3)科学的社会结构会影响科学知识的传授或接受方式,而这又会进一步影响人们对理论论战的裁决。科学家往往会依据一定的科学立场而结合为某一共同体或者分裂为对立方,这种联盟或对立往往又由于科学教育的规训而得到强化。如 17 世纪末 18 世纪初的笛卡尔主义和牛顿主义之间的论战就反映了对科学前辈的忠诚会直接影响人们的思想倾向,而达尔文在科学组织中领导者形象的自我塑造,也对进化论的传播起到了促进作用。在此意义上,科学具有信念甚至信仰的意蕴,但这并不意味着科学研究成为了一种宗教式情感,相反,科学家们凭借一种集体的理性,最终会形成一种能够促进科学进步和发现真理的竞争或合作系统。

(4)哪些问题被认为是最有意义的,如何解决这些问题,以及这些解决方案是如何被接受的,都会受到科学的社会结构的影响。例如,当代遗传学研究的主要问题是绘制基因图谱或基因排序,这主要是由于遗传学从其发展之初就将其主要问题定为"性状是如何遗传的",同时,它也受到了技术发展和社会效益(如对医学发展的作用)的影响。[①]

由此可见,在科学研究中,自然维度和社会维度都是存在的。如果单纯强调科学的自然维度,那么,科学就成为了一种纯粹的实验确证和理性推理,科学的标准就在于实验室内客观的实验,科学家也就成为了与世隔绝、逻辑上无所不能的动物。如果将科学与社会维度等同起来,过于强调科学家的阶级、性别、宗教背景、政治立场和意识形态观点对科学的影响,科学也就成为了纯粹的人类行为,与宗教等活动无异。显然,偏执自然一端,无视科学的社会内涵,将使我们无法正视科学发展的某些历史特征,更无法真正认识当前大科学时代科学的运行机制;偏执社会一端,规避科学的自然内涵,也将使我们无视科学的自然特征,无法在科学与非科学之间划定一条理性的界线,更无法解释科学有效性的合理来源。在科学大战中,科学卫士群体与后现代主义群体的做法很显然偏执于这两端之一,从而无法全面看到科学发展的真实形象。

同时,由于后现代主义者的激进主张,他们过于强调科学的社会性层面,忽视自然维度,从而面临着很多层面的哲学困境,这种困境也导致了后现代主义内部的分裂。

第三节 后现代主义之后?

科学观上的后现代主义者或者 STS 学者们,从其出现开始,就遭到了传统哲学家和社会学家的批评,随着这种批评的深入,STS 内部也开始分化,出现了坚持利益分析模式的强纲领学派和以皮克林、拉图尔等为代表的科学实践研究学派之间的对立。这两种研究倾向,在 20 世纪 80 年代争论不断,最终演变为 1992 年的两场争论,这标志着 STS 的阵营开始分裂为强调社会利益取向的 SSK 和强调科学的实践维度的实践学派。

1983 年,塞蒂娜与马尔凯曾以"家族相似性"[②]来称谓社会建构主义

---

① 菲利普·基彻:《为科学元勘辩护》,第 46—50 页。

② K. D. Knorr-Cetina & M. Mulkay, "Introduction: Emerging Principles in Social Studies of Science", in: *Science Observed: Perspectives on the Social Studies of Sciences*, London and Beverly Hills: SAGE Publications Ltd., 1983, p.1.

纲领下的各类研究进路。然而,进入 20 世纪 90 年代,社会建构主义内部
却发生了分野,与 SSK 相对,出现了脱身于 SSK 的科学实践研究取向。
它主要包括三个比较成熟的研究流派:布鲁诺·拉图尔和迈克尔·卡隆
的"行动者网络理论",迈克尔·林奇的"常人方法论研究",以及安德鲁·
皮克林的"冲撞理论"。两派的分野主要体现在论文集《作为实践与文化
的科学》一书中,这其中包含了两个有名的争论,即布鲁尔和林奇有关规
则悖论的争论,以及拉图尔、卡隆、斯蒂夫·伍尔伽与哈里·柯林斯、斯蒂
夫·耶尔莱有关"认识论的鸡"的争论。这两场争论集中反映了两派之间
学术旨趣的差异,也表明了统一的社会建构纲领的正式分裂。

一、"认识论的鸡"之争

"认识论的鸡"①之争是发生在 SSK 立场的柯林斯、耶尔莱与实践立场
的拉图尔、卡隆、伍尔伽之间的一场争论,它集中体现了两者之间的诸多分
歧:在本体论上,表现为社会实在论与自然—社会混合本体论的对立;在认
识论上,表现为规范主义进路与描述主义进路的对立;在科学观上,表现为
表征科学观与实践科学观之间的对立。它代表了社会建构主义开始走出
SSK 所设定的社会决定论模式,进入了对物质因素和社会因素共同建构的
科学实践的研究。

(一)"认识论的鸡"之争的来龙去脉

"认识论的鸡"之争主要包含几篇争论文章,即柯林斯和耶尔莱的《认
识论的鸡》、伍尔伽的《对宗派活动的一些评论:答复柯林斯与耶尔莱》、卡
隆和拉图尔的《不要借巴斯之水把婴儿泼掉:答复柯林斯与耶尔莱》,以及
柯林斯和耶尔莱的回复文章《驶进太空》。不过,这场争论很快就超出了
这几个人的范围,甚至一些哲学家也参与其中,对社会建构主义的后继发
展产生了重要影响。

---

① "认识论的鸡"是一个比喻。"鸡"的游戏是西方人玩的一种游戏,它是指面对着高速行
驶的轿车,检验游戏者冲过马路时的胆量。游戏的胜利者是最后一位穿过马路的人,只有他才
不会被谴责为胆怯,而前面那些匆忙穿过马路的人会被谴责为"鸡"(即像鸡一样胆小的人)。在
《认识论的鸡》一文中,柯林斯与耶尔莱用它来比喻他们与拉图尔和伍尔伽在广义对称性问题上
的争论。拉图尔提出的广义对称性把自然与社会进行对称性处理,他们站在两者的中间(马路
的中间),仿佛以胜利者自居,而柯林斯和耶尔莱冲过了马路,跑到了社会一边,仿佛是以失败者
告终。柯林斯与耶尔莱指责拉图尔的广义对称性实际上是在玩"鸡"的游戏。

简单而言,柯林斯和耶尔莱将社会建构主义学者在科学的认识论地位上的争论比作"鸡"的游戏,游戏的最终结果就是看谁是最勇敢的,谁能够在认识论的极端策略上走得更远。游戏的一方,柯林斯和耶尔莱主张某种形式的社会实在论,认为科学知识的最终根基在于社会,从而用社会学消解了科学的认识论地位;伍尔伽试图通过不断地运用反身性来消解社会学的优越性,而卡隆和拉图尔则主张一种广义的对称性原则,即对人类与非人类、自然与社会做对称处理,从而追随行动者。SSK 学者指责拉图尔等人的观点仅仅是一种危险而又无用的、去人性的认识论游戏,而且他们"在哲学上是极端的","在本质上是保守的"。① 后者则认为,柯林斯和耶尔莱仅仅提供了一种道德的、去本体论的社会学话语,实际上建立的是一种社会学霸权主义。

具体而言,争论可以分为以下几个方面。

1. 认识论之争的本体论分歧:两种对称性原则

可以说,社会建构主义就是在不断地推进对称性原则的过程中发展起来的。在《知识和社会意象》一书中,布鲁尔将对称性原则从科学的制度层面推进到科学的知识层面,从而形成了一种认识论的对称性原则,认为科学与人类的其他文化形式无异,这导致了认识论上的相对主义。

而卡隆和拉图尔则认为,SSK 的对称性原则(即所谓的第一对称性原则)并没有真正地坚持对称性,因为它实际上是将解释的权力赋予了社会,从而造成了自然的"失语",因而,这是一种"认识论的不公正性"。SSK 的"对称性在自然与社会之间强行砌起了一堵柏林墙,结果破坏了所有案例研究所得到的真相"。② 为此,卡隆在《转译社会学的某些原则:圣布里厄湾的渔民与扇贝养殖》一文、拉图尔在《行动中的科学》一书中进一步将对称性原则推进到了本体论的领域,即所谓"广义对称性原则":"在对人类与非人类资源的征募与控制上,应当对称性地分配我们的工作。"③

---

① H. M. Collins & S. Yearley, "Epistemological Chicken", in: Andrew Pickering ed., *Science as Practice and Culture*, Chicago: The University of Chicago Press, 1992, p. 323.

② M. Callon & B. Latour, 'Don't Throw the Baby Out with the Bath School', in: Andrew Pickering ed., *Science as Practice and Culture*, p. 352.

③ Bruno Latour, *Science in Action: How to Follow Scientists and Engineers Through Society*, Cambridge: Harvard University Press, 1987, p. 144.

　　行动者网络理论认为,在科学研究与科学争论的过程中,一直都有非人类因素参与其中,而且,它们并不是一种封闭的、僵硬的或远离人类的物的世界,当然也不能被夸大(自然实在论)或贬低(社会实在论);它们以自然行动者的姿态介入到与人类行动者的相互作用之中。"我们应该把科学(包括技术和社会)看作是一个人类的力量和非人类的力量(物质的)共同作用的领域。在网络中人类的力量与非人类的力量相互交织并在网络中共同进化。在行动者网络理论的图景中,人类力量与非人类力量是对称的,二者互不相逊。"①因此,主体与客体、自然与社会之间的对立消失了,新的本体成为了以两者的相互关系为基础的一个行动者的网络,一种"社会与自然之间的本体论混合状态"出现了。

　　当然,柯林斯和耶尔莱对此是极力反对的。他们指责卡隆和拉图尔的观点仅仅是传统科学史观点的现代形式,"极端的对称性远不能增加我们的理解……解释看起来更像是传统科学史家的解释"。只是这一旧故事却穿上了新的外衣,"语言在变化,故事却依旧如故"。②

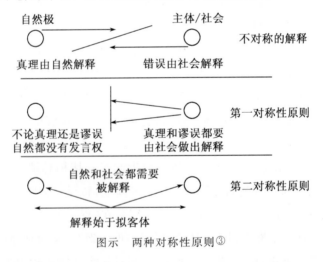

图示　两种对称性原则③

　　显然,这场争论的名字虽然是"认识论的鸡",但其主要的分歧还是在

---

　　①　安德鲁·皮克林:《实践的冲撞——时间、力量与科学》,邢冬梅译,南京大学出版社2004年版,第11页。

　　②　H. M. Collins & S. Yearley, "Epistemological Chicken", p.315.

　　③　布鲁诺·拉图尔:《我们从未现代过》,刘鹏、安涅思译,苏州大学出版社2010年版,第108页。

本体论层面上展开的,即是否要打破自然与社会之间的两分。以柯林斯为代表的 SSK 坚持这种两分法,把决定力量赋予人类社会,自然和科学都要由社会所决定;而行动者网络理论则要求打破这种两分,把自然与社会视为具有同等地位、同等力量的行动者,共同参与科学理论的建构。在人类力量与非人类力量的领域中,各种力量相互作用,不断地生成、消退、转换,如此循环不已。

2. 解释还是描述:温和的规范主义与描述主义之争

从研究方法和研究视角来看,作为 STS 之下的两个亚研究纲领,两者都主张经验主义的研究进路。柯林斯称自己的研究为"经验相对主义"纲领,耶尔莱也曾致力于科技政策领域的经验研究。然而,在拉图尔等人看来,SSK 的研究并不是真正的经验研究,因为他们在经验研究的名义之下,仍然去寻找某种解释(interpretation),去寻求现象背后的因果结构和不可见的隐蔽秩序,其结果就是一种社会决定论。很明显,SSK 的策略是一种残存的规范主义的承诺,虽然它相对温和一些,但充其量也仅仅具有"半操作性特征"。

而实践研究则主张一种彻底的描述主义进路,其策略就是要深入科学研究的现场,追随行动者,包括"自然行动者"(actant)和"人类行动者"(actor),从而用一种"无偏见的词汇"来描述他们。因此,不能够"用外在的实在来解释社会,也不能用权力的游戏来解释外在实在的塑造",毋宁说,自然与社会并不需要我们的解释,而"仅仅需要进行说明",它们仍然是我们需要进行考察的"问题",而不能作为可以直接运用的"结论"。[①]

很明显,这是由于两者对于对称性的不同理解造成的。认识论的对称性,其目的就是去寻找一种解释资源来作为信念的认识论地位(对与错、真与假)的"原因";而拉图尔等人将非人类与人类力量并置,这必然要求一种彻底的描述性视角,从而能够真正地在各种行动者之间进行对称性的描述。

3. 谁之霸权:霸权主义之争

拒绝科学的霸权是两种进路的共同之点。然而,两者却又相互攻讦,认为对方在达到自己的学术目的的同时,又有意保留了科学家的话语霸

---

① 布鲁诺·拉图尔:《我们从未现代过》,第 108—109 页。

权。这一分歧是规范主义与描述主义两种研究进路所进一步导致的结果。

柯林斯和耶尔莱的规范策略是,用人类中心的社会学话语取代自然中心的科学家话语。他们认为:"自然界表面上的独立力量是由人类的社会谈判所赋予的。因为,自然科学家的特殊力量和权威来自他们有接近独立实在的特权,因此,将人类置于中心,就能够取消这种特殊的权威。"①其目的就是用利益、权力等社会学因素取代自然在科学认识过程中的作用。很明显,如果说传统科学哲学将科学发现过程中的一切非理性因素消解在认识论之中,其结果就是一种"没有认识主体的认识论",那么,SSK 试图将认识论消解在社会学之中,其结果就是一种"没有认识客体的社会学"。

卡隆和拉图尔则认为,柯林斯和耶尔莱坚持自然与社会之间的两分,其结果就是将自然留给科学家,将人类社会留给社会学家。他们"不承认社会学家有权质问科学家在自然定义问题上的特权","在他们的世界观中,两人都深深地陷入了科学主义,以致其整个事业就是为了保卫科学"。因此,卡隆和拉图尔用"披着狼皮的羊"来比喻两者,以表明他们在面对自然与科学家时表面强大实则畏缩的态度。② 与之相反,卡隆和拉图尔坚持描述主义的进路,试图从社会学和人类学的视角对自然和社会都展开经验研究,从而使得原来属于科学家的自然领域和属于社会学家的人类领域都向社会学家开放。他们的策略就是在科学研究的实际活动过程中,"追随科学家"和其他行动者。只有如此,才能够彻底打破科学家在研究自然问题上的霸权,从而进入一种后现代式非霸权的多元图景。

因此,从其本体论前提、研究进路以及研究目的上看,双方都有着巨大的分歧。正如皮克林所说,这种分歧体现了"现代主义者、人类主义者、二元论者"和"后现代主义者、后人类主义者、后二元论者"之间的对立。这也正是 SSK 与拉图尔、皮克林等人的根本分歧所在。

---

① H.M. Collins & S. Yearley, "Epistemological Chicken", p.310.

② 当然,柯林斯也不掩饰自己对科学的态度,"我们并不想摧毁科学思想。我们喜欢科学。我们想制造科学……把科学视为通向知识的一种道路。"参见 H.M. Collins & S. Yearley, "Journey into Space", in: Andrew Pickering ed., *Science as Practice and Culture*, p.383.

（二）"认识论的鸡"之争的深层原因分析

皮克林将科学定位于实践与后人类主义,并认为此两点是实践研究相对于 SSK 的超越之处。

首先,从本体论而言,两者体现了人类和自然两分的二元本体论与人类—自然交互作用的混合本体论之间的分歧。自康德之后,自然与社会的两分成为了许多哲学思想的理论前提,传统的科学哲学就是如此;而将科学哲学作为批判对象的 SSK,也没能逃离这一框架。有了自然与社会的两分,他们才能够在自然与社会之间选择一种"基础性的"解释资源。而本体论的对称性原则"并不是在自然与社会之间进行轮番交替,而是把自然与社会视为另一种活动的孪生结果"。① 拉图尔认为,萨特式"存在先于本质"的口号,同样适用于对科学(行动者)的研究。本质(essence)是具有情境和历史依赖的,是由行动者的实存(existence)所决定的。因此,社会与自然不可能一劳永逸地决定本质,这也就使得我们不能够将科学的本质武断地划归到社会一端或者自然一端,而只能在追随行动者的过程中历史性地考察本质。

当然,混合本体论并不是认为自然与社会之间毫无差别,而是在承认差别的基础之上,考察自然与社会的交界地带发生了什么,这就是拟客体的概念。拟客体位于自然与社会两极之间,位于两极轴线之下。与自然界的那些"硬"事物相比,拟客体具有更强的社会性和人类集体特性,但它们又不是完全的社会产物;与人类社会的那些"软"事物相比,拟客体具有更多的实在性和客观性,但它们也不是纯粹的自然产物。简言之,拟客体就是自然与社会的综合产物。

其次,从认识论策略而言,双方也体现了现代式宏大叙事与后现代式多元文化之间的差异。对 SSK 来说,这种宏大叙事体现在:一方面,与近代科学一直在寻求"永恒秩序"一样,近代社会学也一直在追寻人类社会存在的"永恒规则"。这样一种"超验的方式"必然使得社会学家们将目光投向现象背后的"规律"和"一般原理",因此,社会学家的目标就是"建立可以说明这些规律性的理论"。其结果就是一种绝对主义的元叙事(这与传统的科学哲学无异),"揭开现象的面纱,以描述其背后的因果结构,而

---

① M. Callon & B. Latour, "Don't Throw the Baby Out with the Bath School", p.348.

这一结构本身是不可见的,也不能被直接地考察,但却是可见现象产生的原因。"①简单而言,就是预设一个本质,然后透过现象以期抓住这一本质。

另一方面,柯林斯和耶尔莱认为,存在着元事实,即自然是社会建构的,但社会却不是社会建构的。按照这种理解,牛顿所认为的自然是一种社会建构,但社会学家将牛顿的动机归于这种或那种利益,却不是社会建构,而是客观真实的。很明显,柯林斯和耶尔莱认为社会利益是决定科学理论的一种先验规范,在此,他们明确表示反身性并不适用于社会学。在元事实的社会实在论的基础之上,社会学家具有了一种"元交替"的能力:SSK 学者擅长在不同的知识模式或者参考框架中进行交替,因此,他们既能够理解"宗教"又能够理解"物理学",既能够理解"上帝"又能够理解"引力波"。而其他的学者,如哲学家和物理学家等,理解能力仅限于自身领域。② 这种社会学沙文主义策略的目标就是确立社会学的霸权。

与 SSK 相反,实践研究所关注的是可见的东西,关注科学的实际运行过程,并不去寻找表象背后的隐藏秩序。他们认为,各种因素,包括被科学卫士们绝对化的物质力量和被 SSK 绝对化的社会学因素,都内在于科学实践(行动者的网络),不存在具有主导地位的单一要素。

第三,就科学观而言,双方反映了表征主义的静态知识进路与操作主义的动态实践进路之间的区别。在柯林斯和耶尔莱的 SSK 研究进路之下,科学仍然是作为知识、作为文本而出现的;皮克林指出,"SSK 的社会实在论'假定并肯定科学的习惯用语',而不是对这种习惯性用语本身进行探讨"③;这实际上仍然是一种静止的表征主义的科学观,与传统科学哲学的思维方式无异,其结果便是陷入了"认识论的恐惧"之中,即对科学是否表征了社会或自然的恐惧。而操作主义则将科学视为实践,视为一个不断进化与生成的过程,视为"经由联结多重概念文化层面的表征链而实现的与理论之间的构成与引导关系"。正是在此意义上,皮克林说:"我

---

① Andrew Pickering, "Time and a Theory of the Visible", *Human Studies*, 1997(20), p.326.

② H.M. Collins & S.Yearley, "Epistemological Chicken", p.302.

③ Andrew Pickering, "From Science as Knowledge to Science as Practice", in: *Science as Practice and Culture*, p.20.

们删除 SSK 中的 K,这是因为,新的科学图景中的主题是实践而不是知识。"①这样,科学便成为了一个过程概念、时间概念和关系概念,拥有了自己的历史。

不过,关于表征进路与实践进路,这里有必要指出,尽管 SSK 也讲实践,但这与拉图尔等人所讲的实践有着根本的不同。柯林斯声称对科学展开自然主义的研究,但这种研究仅仅是为了把社会学因素引入科学之中。在他那里,实践仅仅是一个权宜性工具,其内容是单调而枯燥的,自然被摒弃,科学家成为木偶,社会利益成为了外在于实践并决定实践的先验规范。因此,其实践仍然是固定性的,并没有时间性,"是以非时间性的文化摹写和理论反映来研究实践"。而行动者网络理论所代表的实践研究则认为,各种因素(行动者)都内在于实践,在现实的时间演化中,相互交织、共同界定。

"认识论的鸡"之争基于认识论对称性原则与本体论对称性原则的分歧,集中反映了社会建构主义内部的分裂。可以说,拉图尔等人的工作代表着 STS 开始走出了社会建构主义,进入了实践建构主义的框架。具体而言,在本体论上,SSK 主张一种基础主义的社会实在论,实践学派则认同一种人类与自然相互作用的混合本体论;在认识论上,SSK 采取一种静态的规范主义进路,试图寻找科学现象背后的社会利益根基,而实践学派则采取一种动态的描述主义进路,仅仅关注科学研究的过程;在科学观上,SSK 仍然因循表征主义传统,关注的是作为表征与知识的科学,而实践学派则将科学视为实践,反对表征与还原。

最后,有必要指出,学术研究并不能以激进与否作为其合理性的标准,而是应该看谁具有更大的自洽性,谁揭示了科学研究的真实过程;否则,若以胆量论输赢,那么,与其称他为认识论上勇敢的鸡,不如说是本体论上愚蠢的豪猪。②

---

① Andrew Pickering, "From Science as Knowledge to Science as Practice", in: *Science as Practice and Culture*, p.14.

② 在北美的乡间公路上,豪猪最容易成为路杀(roadkill)的对象。当夜幕降临时,面对飞驰而来的汽车,它们往往慌不择路地向其撞去而一命呜呼。有学者以此讽刺柯林斯和耶尔莱的胆量游戏。参见 R.W. Hadden & M.A. Overington, "Ontological Porcupine: The Road to Hegemony and Back in Science Studies", *Perspectives on Science*, 1996, Vol.4, No.1, pp.1–23.

二、"规则悖论"之争

"规则悖论"之争是发生在代表科学知识社会学研究进路的布鲁尔与代表常人方法论研究进路的林奇之间的一场争论。前者代表了对维特根斯坦的怀疑主义解读,即将规则悖论的终结机制奠基于社会;后者代表了对维特根斯坦的反怀疑主义解读,即将规则悖论的解决定位于实践。这场争论反映出了建构主义由 SSK 向后建构主义的转变,代表了"社会学"转向之后的新的"实践"转向。

(一)规则悖论的两种解读版本

在《哲学研究》185 条中,维特根斯坦设计了一个有关数列的语言游戏:假定一个学生已经掌握了自然数数列,而且已经做过练习,并检验了小于 1 000 的"n+2"数列。维特根斯坦接着写道:

> 现在,我们让这位学生继续写 1 000 以上的数列(如 n+2)——于是,他写下 1 000、1 004、1 008、1 012。
>
> 我们接着会对他说:"看你都做了些什么?"他却并不明白。
>
> 我们说:"你应该加 2,看你是怎样开始写这一数列的!"
>
> 他答道:"是的,难道不正确吗? 我以为你们的想法就是如此。"

很显然,这位学生错误地理解了"n+2"数列的意思;他将其理解成了加 2 到 1 000,加 4 到 2 000,加 6 到 3 000。柯林斯甚至指出,加 2 的规则可以表现为 82、822、8 222……或者 28、282、2 282、22 822……或者 8^2 等。这样,我们对公式"n+2"也就可以有无穷多种理解方式。因此,似乎出现了一种极端的相对主义立场,"这就是我们的悖论:没有任何行动过程能够由一条规则来确定,因为我们可以使每一行动过程都与这一规则相符合。答案是,如果我们可以使每一事物与规则相符合,那么我们也可以使其与之相悖。因此,符合或者冲突并不存在。"[1]

---

① Michael Lynch, "Extending Wittgenstein: The Pivotal Move from Epistemology to the Sociology of Science", in: Andrew Pickering ed., *Science as Practice and Culture*, p. 221, p. 222, p. 289.

维特根斯坦是在讨论规则的意义问题时提出规则悖论的。哲学家们对此已经进行了富有成效的讨论，但社会学家采取了不同的研究进路，即将规则悖论的讨论经验化，当然，他们的讨论并不单纯是为了解决规则悖论，而更主要的是为其理论寻求哲学根基。布鲁尔和林奇代表了对规则悖论的两种解读版本，而且他们的解读也都可以从维特根斯坦的著作中找到根据。

先来看一下布鲁尔版本。布鲁尔以"有限论"作为规则悖论的解读工具。规则并不具有唯一确定的意义，规则的"意义总是开放性终结（open-ended）的"[1]，"一个规则的每一次应用不可能由其过去的应用，或由其过去的应用所产生的意义来唯一确定"。因此，要理解一个规则的意义，就得引入一个新的规则来解释这个规则，而要理解这个新的规则，就必须引入第三个规则，如此不已，形成一种"无穷的回归"。但在现实中，这种回归并没有发生。在布鲁尔看来，这是因为规则遵循（rule following）活动本质上是一个社会过程，"在原则上，一个规则的每一次应用都是可以通过谈判来解决的"，而这种谈判的根据则是"自己的倾向和利益"。[2] 因此，布鲁尔策略就是将"意义和规则'还原'为社会学现象"，其结论则是："（1）规则就是社会规范；（2）遵循一条规则就是参与一种社会规范。"[3] 就此而言，"n＋2"数列之意义的最终形成，是靠利益等的社会因素来解决的。我们可以将布鲁尔的观点简化为：对规则的阐述与遵循规则的活动（或实践）之间并不具有相互决定的关系，因此，我们就得需要从实践之外寻找规则悖论的结束机制，对布鲁尔来说，这种结束机制就是社会。

林奇为我们提供了另外一个版本。规则的每一次使用都是语境化或索引性（indexicality）的，因此，我们必须把规则的阐述与规则的遵循活动联系起来，"我们是通过行动，而不是通过'解释'来表明我们的理解的"，规则本身就"体现在行动之中，是行动的表达，它本身就是行动"。也就是

---

① David Bloor, "Idealism and the Sociology of Knowledge", *Social Studies of Science*, 1996, Vol. 26, No. 4, p.850.

② David Bloor, "Left and Right Wittgensteinians", in: Andrew Pickering ed., *Science as Practice and Culture*, p.271.

③ David Bloor, *Wittgenstein, Rules and Institutions*, New York: Routledge, 1997, p.134.

说,"n＋2"数列的意义是在学生的数学实践中获得的,但这并不是形式数学的要求,而是我们"生活形式"的要求。① 简单而言,林奇认为,对规则的阐述与遵循规则的实践,是同一事物的两个方面,是一回事。

为了更加明确地勾画出两者的分歧,我们可以将两人的争论分为以下几个方面。

1. 外在社会与内在实践:"规则悖论"之争的本体论分歧

布鲁尔对科学家与社会学家的工作进行了分工,"对于一个物理学家来说,世界是他的研究对象;对于一个社会学家来说,科学家的研究世界是他的研究对象。"②此种分工的一个前提就是,自然与社会在本体上是截然两分的。而 SSK 基于证据对理论的不充分决定性命题和观察渗透理论命题,又断然认为自然因素无法为科学提供根基。这样,在规则悖论的终结机制中,自然被排除,能担此重任的就只剩下社会了。

林奇批判传统的社会学研究丢失了某种相互作用的东西(missing interactional what),即在科学实践中所真实发生的当下的"现时秩序";具体到布鲁尔,他所丢失的就是这样一种情境相关的实践,他将"当下各种各样的社会实践,拉回到了某种情境无涉(context-free)的'内核'之上:规则、规范和其他的社会结构"。③ 正因为如此,林奇主张区分本质(quiddity)和特质(haecceity)。两者虽然具有类似的含义,即"维持某事物之唯一性的东西",但前者是一种本质主义的声明,与情境无关,后者则强调"正是这个"(just thisness),即事物"此时此地"的状态,与情境相关。简单而言,林奇认为,社会学所关注的应该是实践,而实践并没有永恒的本质,所具有的仅仅是当下的特质,因此,我们就不能预设一个永恒的本体——不管这个本体是自然还是社会;如果说有本体,那么这个本体也就只能是各种因素(人类因素与非人类因素、社会因素与自然因素)相互作用的实践。而且,这种实践是内在性的,因为规则阐述与规则遵循活动是不可分离的,规则的意义也就在于实践之中。

---

① Michael Lynch, "Extending Wittgenstein: The Pivotal Move from Epistemology to the Sociology of Science", pp.222－242.

② 巴里・巴恩斯、大卫・布鲁尔、约翰・亨利:《科学知识:一种社会学的分析》,第36页。

③ Michael Lynch, *Scientific Practice and Ordinary Action*, New York: Cambridge University Press, 1993, p.284.

2. 因果说明与实践描述：外在主义与内在主义的认识论框架

布鲁尔的目的在于寻求一种"知识的社会理论"，因此，他的理论体系中必然存在着一种因果结构，即从社会到知识的决定关系。为了达到这一目的，布鲁尔提出了著名的因果性原则，"它应当是表达因果关系的，也就是说，它应当涉及那些导致信念或者各种知识状态的条件"。[①] 在对规则悖论的解读中，布鲁尔同样运用了这条原则，林奇则称之为"准因果图景"。我们可以将布鲁尔的论证策略分为两步：首先，在将规则阐述与规则遵循的实践分离之后，布鲁尔将学生的 n＋2 的错误实践，提升到了与老师的传统实践同等的认识论地位；第二，在寻找规则悖论的结束机制的过程中，布鲁尔追随了克里普克对维特根斯坦怀疑主义的解读方式，只不过，他将克里普克的"共同体观点"换成了共识和利益等社会因素。这种立场被贝克与哈克称为外在主义。

林奇则指出，"把数学与科学的内容定义为社会现象的结果只会导致社会学的空洞胜利"，而且，如果在实践之外寻找一种因果解释，将难以摆脱一种心理主义的论证，而心理主义正是维特根斯坦所极力反对的。他的观点是，"每一个符号自身看起来都是死的"，"是什么赋予其生命？——在使用中，它才能获得生命，生命是在使用中被注入的吗？——抑或是使用就是它的生命"。[②] 那么，既然一个句子的"生命"在于"使用"，我们也就不能将其含义"依附"在某种无生命的符号之上。因此，我们所接触到的并不是孤零零的符号，而是在使用中的符号，它是我们实践的一部分；实践就是规则使用的全部，规则与实践之间是一种内在关系，规则的基础也应该从内在于自身的实践中去寻找。同时，也只有将规则与其扩展（实践）之间的关系看作内在关系，才能解决认识论上的谜团。这是一种新的内在主义的观点。

进而，与这种认识论策略相对应，两者在研究进路上也表现出了规范主义与描述主义的对立。布鲁尔的因果结构必然要求他寻求一种规范性的解释资源（社会），这样，规范主义的研究进路就不可避免。而林奇则认

---

① 　大卫·布鲁尔：《知识和社会意象》，第 7 页。

② 　Michael Lynch, "From the 'Will to Theory' to the Discursive Collage: A Reply to Bloor's 'Left and Right Wittgensteinians'", in: Andrew Pickering ed., *Science as Practice and Culture*, p.229, p.230, p.289.

为,规则的应用具有索引性,也就是偶然性和情境性,因此,某种客观性的理想(甚至是规范性的解释)就绝对不可能达到,这就需要我们对各种索引性故事进行情境性描述;同时,实践具有内在的整体性,如果我们能够通过描述去把握这种整体性,也就不需要任何其他的解释资源了。由此,林奇发展出了自己的描述主义立场。

3. 观点的共识与默认的共识:通往社会与通往实践的道路

在布鲁尔的论证中,要打破多种相互竞争的规则遵循活动之间的竞争死结,就要引入参与者的共识。马尔柯姆在分析了维特根斯坦一些未发表的手稿后也指出,规则并不能决定任何事物,除非是在一个相当共识的场所之中。当共识缺失时,规则似乎就成了无根之木,表述规则的语词也将是无力的、无生命的。克里普克也将规则悖论的终结因素归为"共同体观点"。布鲁尔追随了他们的怀疑主义策略,其最终目的是要引入社会因素。然而,林奇认为,这种共识论是对维特根斯坦的误读。

林奇指出,维特根斯坦确实也曾讨论过"共识""共同体观点"的作用,也指出共识决定了什么是真实的,什么是虚假的。但这与布鲁尔等人所讲的共识有根本性的不同。维特根斯坦认为,共识是人们在语言的使用中、在游戏进行过程之中达成的;这里的共识"并不是意见上的共识,而是在生活形式中的共识",是一种"默认的共识""行动中的共识","只能根源于一种场所,其中有一群人,他们过着普通的生活,使用一种共同的语言"。因此,林奇认为,布鲁尔对他的批判混淆了"意见的共识"与"生活形式中的共识",后者表现在"我们活动的真正和谐之中",是人们的行动与情感在关注并解释错误与失调的过程中所奏响的一组乐章。我们难以将这种"默认共识"从实践中分离出来,因为它在社会秩序中如此彻底,无处不在。也就是说,在实践中,存在着一致与共识,它们当然也是一种社会的产物,但它们只能与实践同在,而不能超越于实践。如果将共识、约定从实践中抽离出来,并作为一种致因因素,这就违背了维特根斯坦生活哲学的主旨。

简单而言,"布鲁尔和SSK代表了知识研究的一个分支,即知识是经典的理论化社会学之变量的一个函数;林奇和常人方法论则代表着对实践活动的一种精致探讨,旨在通过实践的内在有机性来把握实践,并且挑战任何置身于科学实践和科学知识之上进行理解的学科霸权。"①上述分歧反映出了两者解读框架与哲学基础的根本性差异。

（二）两种版本的原因分析

布鲁尔和林奇都曾指出，他们的工作在于对维特根斯坦的思想进行经验性的扩展，并不仅仅是看谁最能够保持维特根斯坦的原意。很明显，他们的目的就是戴上科学知识社会学和常人方法论的眼镜来解读维特根斯坦，从中找出其可资利用的学术资源，为自己寻找哲学辩护。

1. 从根本上而言，两者解读框架的不同导致其学术视角的分野

布鲁尔社会学分析的根本出发点在于解决认识论的"基础危机"（实在论与反实在论之间的争论），其基本思路是：维持自然与社会在本体论上的两分状态，并以对称性原则打破认识论上正确与错误之间的界线（认识论相对主义）。很明显，布鲁尔采用了一种彻底的二元论的分析框架，即实在论与反实在论，二者取其一。其论证策略可以分为两步：首先，作为社会学家的布鲁尔，采用自然主义的研究方法介入科学"发现的语境"之中，打破了自然对科学那无力的辩护（自然是哑巴，它并不会对科学是否反映其自身做出辩护）；其次，自然主义的经验研究也使得社会学的分析具有了现实的说服力。由此，自然实在论的宏大叙事就让位于社会学的现实分析。但要注意，布鲁尔虽然反对实在论，却并不反对实在论的思维方式（为科学寻找一个绝对的外在的基础），在自然被排除之后，在二元论的本体论前提之下，布鲁尔的下一步就只能将科学的实在根基奠定于社会之上。这样，自然的宏大叙事被社会的宏大叙事所取代，自然实在论也就被社会实在论所取代。

林奇的分析框架在某种程度上脱离了本体论的纠缠，而主要体现在认识论领域，其分析策略从传统的基础主义、本质主义、规范主义转向反基础、反本质的描述主义。他认为，传统的社会学理论的规范策略，其任务就是为科学寻找一个脱离了具体语境的本质，其目的则是要建立一种知识的社会理论，即将知识的基础奠定在社会之上。这样一种分析思路与常人方法论的日常分析是相悖的，因为日常分析最大的一个特点就是关注知识的情境性与索引性。因此，林奇所采用的是一种具有极度情境

---

① Andrew Pickering, "From Science as Knowledge to Science as Practice", p.17.

敏感性的描述策略,其任务就是描述出科学研究具体过程之中所发生的事情,而尽量减少研究者的解释。这样,布鲁尔实在论/反实在论的分析框架使得他走向了社会实在论,而林奇的规范主义/描述主义的分析框架则使得他走向了科学实践。

2. 两者的思想传统:激进曼海姆主义的布鲁尔与生活哲学传统的林奇

就布鲁尔而言,他用一种激进的曼海姆主义对规则悖论进行了怀疑论的解读。布鲁尔对曼海姆进行了两点修正。第一,一方面是因为受实证主义思想的影响,另一方面则是为了摆脱反身性的悖论,曼海姆排除了对自然科学进行社会学研究的可能。布鲁尔的对称性则打破了这种认识论上的不对称地位,将社会学研究推进到了数学和自然科学领域。第二,曼海姆主张某种关系主义,并对关系主义与相对主义做了区分:关系主义认为所有的知识都是相对于情境而言的,而相对主义则主张任何知识都应该被怀疑。布鲁尔的社会实在论实际上就是用一种激进的相对主义代替曼海姆的关系主义。这样,布鲁尔就将经典社会学的理想与维特根斯坦对数学的分析结合了起来,其结果必然是忽视维特根斯坦思想中生活哲学的维度,而将其推进到了社会学相对主义的立场之上。可见,布鲁尔仅仅是在曼海姆与维特根斯坦之间建立了"一场想象中的对话"。①

在对科学的常人方法论研究中,林奇认为"常人方法论并没有一个一贯的基础",也不需要为其寻找某种"古典的"或者"基础性的"文本或纲领作为根基。胡塞尔对数学化的自然科学之实践基础的讨论,维特根斯坦对"生活形式"的分析,原型常人方法论(protoethnomethodology)对技术活动的"场所性产品"的分析,都为其提供了思考的灵感。林奇综合这些思想,并将之运用到了对科学实践的分析之中。林奇将常人方法论界定为"地方性的(local)经验研究":面对微观的社会现象,采用一种后分析的(postanalytic)方法"考察社会实践与人们对实践的说明之间的谱系关系"。② "场所性"是为了将科学界定在具体情境之中,"后分析"则是为了保证其描述立场。也正是在此意义上,林奇称之为"后建构主义的常人方

---

① Michael Lynch, *Scientific Practice and Ordinary Action*, p.50.

② Ibid., p.xx, p.1.

法论"。这样,常人方法论必然会走向对"即时"科学实践的分析。

(三) 作为表征的科学与作为实践的科学

由上文分析可见,布鲁尔(SSK)与林奇(后建构主义)在本体论前提、认识论策略和科学观上都有着根本的不同。如果说科学知识社会学代表了科学哲学的"社会学转向",那么,后建构主义(包括林奇的常人方法论)的研究则代表了一次新的转向,即实践转向。

具体而言,从本体论角度来看,SSK 仍未摆脱康德式自然与社会的二分状态,它总是试图在自然与社会之间选择一个绝对的基础。"在一般意义上,这种思维方式是现代思想的核心。"[①]它在认识论上坚持对称性,在本体论上却极端不对称,自然被抛弃,社会极取代自然极成为科学的根基。而实践学派打破了诸如主体/客体、自然/社会之间的根本界线。在他们的理论图景中,不存在任何优先的力量,主体/客体、自然/社会都成为了科学实践中的行动者。人、观念、仪器等在实践中彼此博弈,共同生成性地建构科学。卡隆和拉图尔的混合本体论及皮克林的"后二元论"的本体论都是如此。林奇则用"实验实践"分析了在实践制造或社会制造的实验中的活动,并将之作为常人方法论分析的根本出发点。常人方法论并不需要本体论的预设,相反,其实践转向仅仅关注"需要描述的情境性现象",任何现象都是情境性的,不可能有一个永恒不变的本体或本质。

从认识论策略上看,布鲁尔坦言,"对于社会学家们来说","他们所关注的将是那些似乎在他们的研究材料范围内发挥作用的规律性、一般原理或者过程的地位。他们的目标就是建立可以说明这些规律性的各种理论"。[②] 因此,其认识论策略便如林奇所言,"它从来没有放弃寻求超越或隐藏在遵从规则实践之下的解释因素的努力"。[③] 与之相反,常人方法论所关注的是仅仅可见的东西,关注科学的实际运行过程,并不去寻找表象背后的隐藏秩序;各种因素包括被逻辑实证主义绝对化的物质力量、被SSK 绝对化的社会学因素,都内在于科学实践,不存在具有主导地位的单一要素。林奇认为,规则的阐述、理解与遵守规则的活动都是内在于实

---

① Andrew Pickering, "From Science as Knowledge to Science as Practice", p.7.

② 大卫·布鲁尔:《知识和社会意象》,第 4 页。

③ Michael Lynch, "Extending Wittgenstein: The Pivotal Move from Epistemology to the Sociology of Science", p.228.

践的,或者说,实践本身就具有了内在完整性,因此,社会学家的任务也就仅仅是描述科学实践,停留在现象界。正是在此意义上,林奇说:"与其说是试图根据潜在的倾向、抽象的规范或利益来解释实践,不如说社会学的任务将是描述那种构成实践的行动整体。这正是常人方法论所寻求的内容。"①

在科学观上,双方反映了表征主义的静态知识进路与操作主义的动态实践进路之间的区别。在前者看来,科学仍然是知识,是文本,是对某种外在实在的表征;这实际上仍然是一种静止的表征主义科学观,与传统科学哲学的思维方式无异,其结果便是陷入了伍尔伽所说的"认识论的恐惧"之中,即对科学是否表征了社会或自然的恐惧。而林奇则在对"本质"与"特质"的区分中,突出了对科学的操作性语言的描述。与前者不同,操作性语言主要关注过程、情境以及现时秩序等特质,或者说,就是去找回林奇所谓的"丢失了的相互作用的东西"。这种操作主义,一方面规避了表征主义的难题,巧妙地避开了"认识论的恐惧";另一方面,则将我们引向一种更为精致的科学实践。这样,科学就不再是固定不变的知识,而是一种人与自然和社会相互作用的特殊的生活方式,在对这种生活方式的描述中,一种动态的实践科学的概念得以浮现。

综合而言,在规则悖论之争中,双方的分歧主要体现在对规则、实践与社会之间关系的理解上,这些分歧集中反映了建构主义的实践转向。这种转向具体表现在:本体论上,SSK 主张一种基础主义的社会实在论,实践研究则关注作为各种因素相互作用场的科学实践;认识论上,SSK采取规范主义进路,试图寻找科学知识背后的社会根基,而实践研究则采取描述主义进路,关注科学的情境性与索引性;科学观上,SSK 因循表征主义传统,主张科学的表征本质,而实践研究则采取操作主义策略,关注科学的实践特质。正是在此意义上,皮克林指出:"删除 SSK 中的 K,是因为在新的科学图景中,主题是实践而不是知识;删除第一个 S,是因为对科学实践和科学文化的理解无须赋予社会性因素以致因优势。"②

---

① Michael Lynch, "From the 'Will to Theory' to the Discursive Collage: A Reply to Bloor's 'Left and Right Wittgensteinians'", p.290.

② Andrew Pickering, "From Science as Knowledge to Science as Practice", p.14.

本章小结

科学大战是斯诺"两种文化"之争命题的当代表现形式。这场论战反映了科学与人文双方之间的不理解甚至不信任的现状。SSK 基于认识论上的观察渗透理论、证据对理论的不充分决定性等命题,否认或弱化自然因素在科学研究中的作用,夸大或唯一确认社会因素对于科学评价的决定性作用,最终形成了一种社会建构主义的立场。而科学家们则突出科学的有效性或科学的成功(success of science)这一点,并将科学的根基导向了传统的实在论立场,他们在论战中取得了声势浩大的支持,但是在哲学上这种立场却不能得到彻底辩护。

鉴于社会建构主义在本体论、认识论、方法论等方面所遭受的批判,SSK 内部开始发生分化,形成了一种新的以科学实践为研究基点的实践建构主义学派。持此种立场的学者们普遍强调科学实践在科学研究中的重要性,主张弱化科学的知识维度,突出科学的行动维度,从而试图在真实的科学实践中消解社会建构主义和实在论之间的争论。这种新的研究进路为我们在新形势下思考两种文化的问题提供了一条新的思路。

■ 思考题

1. 拉图尔曾说过,索卡尔事件有点小题大做,你认同这种观点吗?

2. 科学大战双方的主要冲突表现在哪些方面?

3. STS 领域在 20 世纪 80 年代分裂为强调社会利益取向的科学知识社会学与强调实践研究的实践学派,请分析这种分裂的认识论根源。

■ 扩展阅读

1. 艾伦·索卡尔等."索卡尔事件"与科学大战——后现代视野中的科学与人文的冲突.蔡仲,邢冬梅,等译.南京大学出版社,2002.

2. 诺里塔·克瑞杰.沙滩上的房子——后现代主义者的科学神话曝光.蔡仲译.南京大学出版社,2003.

第四章　科学与人生观之争

　　20 世纪 20 年代,中国思想界发生了一场著名的论战——"科学与玄学"之争。这次论战发生在以丁文江、胡适、吴稚晖为代表的"科学派"与以张君劢、梁启超为代表的"玄学派"之间。1923 年 2 月 14 日,应清华大学学生会负责人吴文藻之邀,张君劢到清华面向即将赴美留学的学生做了一场名为"人生观"的演讲,宣扬人生观不受科学支配,鼓吹"自由意志",提倡内心修养。其核心观点是,人生观是纯主观的,科学规律无法支配人生观;思想是事实之母,精神变动决定物质运动。同年 4 月,丁文江在《努力周刊》上发表了《玄学与科学》一文,反对张君劢的主张,认为人生观要受科学方法的支配,论战爆发。随后,以丁文江、胡适、吴稚晖为代表的"科学派"与以张君劢、梁启超为代表的"玄学派"开始形成。论战后期,马克思主义者陈独秀、瞿秋白等也撰文参与,支持"科学派"反对"玄学派",被称为"唯物史观派"。通过这场论战,中国现代哲学的三大思潮——现代新儒家、自由主义与马克思主义,初步展示出了未来的发展方向。"科玄论战"是中国近代思想史上一次重要的理论交锋,对于巩固新文化运动的胜利成果,塑造更具前瞻性的文化形态具有重大意义。同时我们要注意,论战双方的主将都受过西方学术思潮的熏陶,论战的焦点可以归结为工具理性和价值理性、决定论与自由意志、实证主义与人文主义之间的冲突与分歧。由于双方教育背景的差异,不懂也不屑于去弄懂对方的话语立场(如柏格森的唯意志论与皮尔逊的实证论),因此,"科玄论战"称得上是"斯诺命题"的一个典型案例。[①] 论战进行了一年多,表面上以"科学派"取胜结束。直接参加这次论战的名流学者有 21 人,文章 32 篇。

　　在"科学"一词几乎成为现代文明的同义语的时候,传统世界观的继承者开始惊恐不已。传统主义者向科学的一元论倾向挑战,用人生哲学

---

　　① 刘钝、方在庆:《"两种文化":"冷战"坚冰何时打破?——关于斯诺命题的对话》,《中华读书报》2002 年 2 月 6 日第 24 版。

来代表一种无法从科学中产生，而是源于宗教、伦理和美学的价值体系。当张君劢教授1923年2月在清华讲演，号召青年摆脱以科学为基础的人生观时，这种力量便以"人生观"为口号团结起来。以丁文江为首的科学支持者，立即对此做出反应。当这场争议结束时，出版了约25万字的论战文集。中国近代思想界的诸多重量级学者，不管其持何种哲学立场和科学立场，都出现在了这场论战之中。稍后，大量论战文章便编成专集《科学与人生观》出版。这是证明现代中国约20位学界和思想界领袖的思想倾向的重要文献。胡适认为这场论战的范围之广、历时之长、参加人数之多，表明了这是中国传统文化与西方科学接触30年来的一场重要论战。

第一节　科玄论战的过程

科玄论战通常涉及三大背景，即梁启超的《欧游心影录》、梁漱溟的《东西文化及其哲学》以及第一次世界大战后西方知识分子对西方文化的批判与反省，这三大背景构成了张君劢批判科学的依据。论战的主角张君劢和丁文江都是1918年梁启超七人访欧团的成员。张、丁二人关系密切，访欧期间曾同居一室。然而，彼此之间的友谊并没能阻挡两人在科学与人文观之关系问题上的分歧。尽管两人私交很好，但学问归学问，救国方案归救国方案，这三者间殊难协调，因此，两者的争论就无法避免，而且都自然地邀请朋友加入进来，这场争论最终演变成为了中国近代史上极为重要的一场文化大论战。

张君劢(1887—1969)

原名嘉森，字士林，号立斋，别署"世界室主人"，笔名君房，江苏宝山县（今属上海市宝山区）人。曾留学日本、德国，学习政治学、经济学与哲学。张君劢推崇唯心主义哲学，主张人生观相对于科学体系的独立地位，因此在论战中被骂为"玄学鬼"，是新儒家的早期代表人物之一。张君劢尽管学贯中西，但依旧秉承传统儒家思想，主张以传统思想为根基，将西方先进文化吸收进来。

字在君，江苏泰兴人，地质学家、地质教育家、社会活动家。1923 年发表《玄学与科学》一文，否定"科学对人生哲学无所作为"的论点，与张君劢展开了关于"科学与人生观"的论战。胡适曾称之为"一个欧化最深的中国人，一个科学化最深的中国人"。

丁文江（1887—1936）

一、张君劢与丁文江：两位爱斗的挚友

张君劢是柏格森哲学的追随者。他在清华大学对学生做"人生观"讲演时，追随梁启超在《欧游心影录》中对科学的批判，责备那种视科学为全能的倾向，要求学生重新认真考虑精神的价值。无疑，他认为青年在头脑中把科学的尊严与科学培育一种人生观的能力等同了起来。他认为，人生观的特点是内在世界的"我"，与之相对的是外在的"非我"。他强调人生观的特点在于主观、直觉、综合、意志自由和单一性，而科学的独特属性就是它的客观性、逻辑方法、分析方法和对因果律的相信，以及"科学中有一最大之原则，曰自然界变化现象之统一性"。因此，两者在所有方面都是截然相反的，进而，科学无法为人们提供一种人生观。

从定义上来讲，科学与人生观截然不同。"科学之中，有一定之原理原则，而此原理原则，皆有证据。"但是，"诸君久读教科书，必以为天下事皆有公例，皆为因果律所支配。实则使诸君闭目一思，则知大多数之问题，必不若是之明确。"进而指出，天下古今之最不统一者，莫若人生观。

张君劢认为，人生观之中心点，曰我。与我相对的，便是非我。而在种种非我之中，又各有差别。就其生育我者言之，则为父母；就其与我为配偶者言之，则为夫妇；就我所属之团体言之，则为社会为国家；就财产支配之方法言之，则有私有财产共有财产制；就重物质或轻物质言之，则有精神文明与物质文明。凡是这些问题，古往今来，在不同的社会文明之中，意见都是极不一致的，它并不像数学、物理或化学等学科的知识能够以某一公式的形式表示出来。具体而言，这些关系包含以下几类：

（1）就我与我之亲族之关系而言，则有大家族主义/小家族主义；

（2）就我与我之异性之关系而言，则有男尊女卑/男女平等和自由婚姻/专制婚姻；

（3）就我与我之财产之关系而言，则有私有财产制/共有财产制；

（4）就我对于社会制度之激渐态度而言，则有守旧主义/维新主义；

（5）就我在内之心灵与在外之物质之关系而言，则有物质文明/精神文明；

（6）就我与我所属之全体之关系而言，则有个人主义/社会主义（互助主义）；

（7）就我与他我总体之关系而言，则有为我主义/利他主义；

（8）就我对于世界之希望而言，则有悲观主义/乐观主义；

（9）就我对于世界背后有无造物主义之信仰而言，则有有神论/无神论、一神论/多神论、个神论/泛神论。

上述九点都是以我为中心所产生的问题，它们或者关于我外之物，或者关乎我外之人，然而，这些问题都是一些无法获得最终解答的问题，因为它们是关于人生的，而人是活的，这是人不同于死的物质世界的最大差别。如果要对人生观与科学之间的关系进行更加明确的区分，可以从以下几个方面入手。

（1）科学是客观的，人生观是主观的。张君劢指出，科学最大的标准在于其客观性。不管言说主体为何人，他所言说的科学总是相同的；不管科学被应用于何处，它的客观效力也总是相同的。换句话说，科学是一种放之四海而皆准的知识。于是，并无中国数学、英国数学，而是只有一种数学；并无中国物理学、英国物理学，而是只有一种物理学。但对于人生观来说，情况则完全相反，孔子主张行健，老子主张无为；孟子主张性善，荀子主张性恶；杨朱主张贵己、重生，而墨子则主张兼爱；达尔文主张优胜劣汰，而哥罗巴金则主张互助主义。因此，对于人生观而言，我们无法在不同观点之间进行比较，因为它们之间并不存在客观的评价标准，原因就在于人生观是主观的。

（2）科学为论理的方法所支配，而人生观则起于直觉。论理的方法，即逻辑的方法，包括归纳和演绎两种。归纳是从诸事例中寻求共同之点，此法为物理、化学、生物所采用；而演绎则以自明之公理为基础，而后一切原则推演而出，几何学采用此法。科学著作往往是以定义和基本概念为基础，而后形成一本体系化的著作，它是被逻辑所支配的。而对于人生观来说，不管是悲观主义、乐观主义，还是修身齐家主义、出世主义，不管是主张等级分明，还是主张泛爱，其共同之处都在于无逻辑必然性可循，无所谓定义，无所谓方法，"皆其自身良心之所命起而主张之，以为天下后世表率，故曰直觉的也"。

（3）科学以分析方法为主，而人生观则是综合的。科学的关键在于其分析的方法。例如，对于物质而言，人们都是追求其最小的、最基本的构成元素，尽管人们在此点上仍有争议，但是他们都使用了分析的方法。而人生观则是综合的，是包括一切的，若强行分析，则会失其意义。

（4）科学为因果律所支配，而人生观则是自由意志的。物质世界的各种现象，其共同之处在于都遵循因果关系，如潮汐与月亮、丰歉与水旱等。孔子周游列国，行色匆匆，席之不暖；墨子心存济世，奔走四方，灶之不黑；耶稣何以死于十字架，释迦何以苦身修行，凡此种种，皆是出于良心、责任心的主动行为，是因果律所无法解释的。

（5）科学起于对象之相同现象，而人生观起于人格之单一性。科学中最大的原则之一就是自然界诸现象之间的统一性。植物可以分类，动物也可以分类，无生命的物质世界仍然可以分类，这也就说明，科学所研究的对象，其变化前后一贯，有规律可循。但是，对于人生观而言，我们就无法用科学方法解释其由来，因为人生观的根本特征在于特殊性、个性，甲身上的特性，乙可能不具有，乙身上的个性，丙又不一定有。可见，自然现象的特征在于其相同性，而人类现象的特征，则在于其相异性。[①]

张君劢认为，不仅注重精神的人生观与注重客观性的科学不同，而且东西方所代表的文明也是不同的。如其所言：

> 科学无论如何发达，而人生观问题之解决，决非科学所能为力，惟赖诸人类之自身而已。而所谓古今大思想家，即对于此人生观问题，有所贡献者也。譬诸杨朱为我，墨子兼爱，而孔孟则

---

① 张君劢：《人生观》，见张君劢、丁文江等：《科学与人生观》，山东人民出版社1997年版，第35—38页。

折衷之者也。自孔孟以至宋元明之理学家，侧重内心生活之修养，其结果为精神文明。三百年来之欧洲，侧重以人力支配自然界，故其结果为物质文明。[①]

张君劢认为东方精神文明遇到了西方物质文明的挑战，这其实有利于科学的支持者。他的观点有严重缺点，从论战的结果也可看到此点。由于主张科学绝不能提供一种人生观，他以一种狭隘的、学究的方式来定义科学。当然，这就使他表示自己既不愿接受科学对现代社会的意义，又不接受现代科学引起的西方思想界的变化。由于声称科学是一种物质文明的事业，同时又暗示精神文明的优越，他就使自己处于被攻击的地位。如果他把自己的论点局限于形而上学（玄学）的范围，缺点将不会如此明显。他提出要解决与人生观相关的系列问题，即精神与物质、男与女、个人与社会、国家主义与世界主义之间的关系。既然承认只有在社会的范围之内人生观才有意义，却又无视引起社会和思想巨变的科学，张君劢就很容易受到科学崇拜者的攻击了。

丁文江成为了向传统论者进攻的领袖，并称呼传统论者为"玄学鬼"，为这次论战增加了一个恶作剧式注脚。丁文江及同道认为，传统的精神、直觉、美学、道德及宗教感情，是与实证思维对立的，是一种空幻、怪诞思维的例子；而科学则是实证方法的代表，是一种以现实为目的的学问。在反击者丁文江等人的用词中，"玄学"是贬义的，目的在于揭示张君劢及其同伙所坚持的是一种虚幻的意识形态，认为其做法是一种典型的自我欺骗。丁文江评论道："玄学真是个无赖鬼——在欧洲鬼混了二千多年，到近来渐渐没有地方混饭吃，忽然装起假幌子，挂起新招牌，大摇大摆的跑到中国来招摇撞骗。你要不相信，请你看看张君劢的《人生观》！张君劢是作者的朋友，玄学却是科学的对头，玄学鬼附在张君劢身上，我们学科学的人不能不去打他……"[②]

张君劢主张人生观与科学并无多少关系，因为科学求同，而人生观则见异。丁文江对此评论道："人生观现在没有统一是一件事，永久不能统

---

① 张君劢：《人生观》，第38页。
② 丁文江：《玄学与科学》，见张君劢、丁文江等：《科学与人生观》，第41页。

一又是一件事。"丁文江认为,人生观最终是可以统一的,目前没统一,仅仅是因为科学未发展到一定程度,因此,除非有明确的现实证据来证明人生观无法统一,否则,争取人生观的统一就是全人类的责任,而这种统一的达成与责任的完成,唯有依靠科学。在他看来,科学方法"不外将世界上的事实分起类来,求他们的秩序。等到分类秩序弄明白了,我们再想出一句最简单明白的话来,概括这许多事实,这叫做科学的公例"。丁文江认为,张君劢的概念太过僵化,其错误在于认为"人生为活的,故不如死物质之易以一律相绳也",丁文江则反问,"动植物难道都是死的? 何以又有什么动植物学?"①

丁文江认为,不仅科学与人生观无法分离,甚至张君劢所说的物质科学与精神科学也无法分离。为说明这一观点,他提出了其知识论主张,所有知识都源自知觉经验,因此也就有赖于人们的感官触觉。于是,诸如情感、思想、概念等心理现象,都不过是感官触觉的产物,因此都可以成为科学研究的对象。以书柜为例,我们能够知晓书柜是长方形的、中空的,了解到它的颜色、质地、重量,进而知晓它的硬度,最终形成关于书柜的概念。于是,

> 然则无论思想如何复杂,总不外乎觉官的感触。直接的是思想的动机,间接的是思想的原质。但是受过训练的脑经,能从甲种的感触经验飞到乙种,分析他们,联想他们,从直接的知觉,走到间接的概念。
>
> ……心理上的内容都是科学的材料。我们所晓得的物质,本不过是心理上的觉官感触,由知觉而成概念,由概念而生推论。科学所研究的不外乎这种概念同推论,有甚么精神科学、物质科学的分别? 又如何可以说纯粹心理上的现象不受科学方法的支配?②

丁文江把这种知识论称为"存疑的唯心论"。他认为,所有研究哲学

---

① 丁文江:《玄学与科学》,第42—43页。
② 同上,第46页。

问题的科学家或研究科学的思想家（如赫胥黎、达尔文、斯宾塞、詹姆士、皮尔逊、杜威和马赫等），都或多或少地以同样的方式接受了这种理论。说其为"唯心"，是因为他们相信感官感触是认识世界的唯一方法，物体的概念实际上就是心理上的现象；说其为"存疑的"，则是说感官感触之外，是否还有他物存在，物之本质为何，这些都是形而上学的内容，应该存而不论，是为存疑。这种知识论是玄学家最大的敌人，因为玄学家各种理论的根基就是存疑唯心论者所认为不可知的、存而不论的、独立于心理之外的本体。贝克莱的上帝，康德、叔本华的意向等，都是这样的本体。丁文江显然不能容忍玄学家，但他更蔑视张君劢，称其学说为"中外合璧式的玄学"。他指责张君劢企图把柏格森反理智的冲动与宋明理学的心性之学结合起来，以唤起对一种过时的唯心论玄学的回忆。虽然这些是充满激情的责难，但丁文江确实是代表了心平气静的、充满理智的、逻辑的科学意识。他认为，当科学的力量增大到能解决所有人生问题时，玄学冥想的范围就会大大缩小。"科学的目的是要屏除个人主观的成见——人生观最大的障碍——求人人所能共认的真理。科学的方法，是辨别事实的真伪，把真事实取出来详细的分类，然后求他们的秩序关系，想一种最简明了的话来概括他。所以科学的万能……不在他的材料，在他的方法。"①

对张君劢认为东方的精神文明远较西方物质文明为优，以及科学引起世界大战的论点，丁文江也进行了反驳。他对张君劢几乎把物质文明与科学等同起来特别敏感；他认为，物质文明只能被认为是科学的结果，而不是科学的原因。张君劢试图以精神文明来补救西方的物质文明，那么，这种精神文明到底是什么呢？它有何用处？丁文江对此进行了说明。

　　张君劢说："自孔孟以至宋元明之理学家侧重内心生活之修养，其结果为精神文明。"我们试拿历史来看看这种精神文明的结果。

　　提倡内功的理学家，宋朝不止一个，最明显的是陆象山一派，不过当时的学者还主张读书，还不是完全空疏。然而我们看到南渡时士大夫的没有能力、没有常识，已经令人骇怪……到了明末，陆王学派，风行天下。他们比南宋的人更要退化：读书是

---

① 丁文江：《玄学与科学》，第53页。

玩物丧志,治事是有伤风雅……士大夫不知古又不知今……有
起事来,如痴子一般,毫无办法。陕西的两个流贼,居然做了满
清人的前驱。单是张献忠在四川杀死的人,比这一次欧战死的
人已经多了一倍以上,不要说起满洲人在南方几省作的孽了!
我们平心想想。这种精神文明有什么价值。①

因此,针对物质文明已经破产的口号,丁文江的回答是,目前并无此
事,而且即便有,这也绝对不是科学的责任,因为破产的原因是国际战争,
对战争最应该负责的人是政治家与教育家,这两种人多数仍然是不科学
的。如果说要有人负责,那么责任者也应该是一班玄学家、教育家和政治
家,但是他们却丝毫不悔过,反而要把物质文明的罪名强加到纯洁而又高
尚的科学身上。这是绝对不公平的,是绝对的污蔑。

在这篇文章中,丁文江还论述了科学方法对人生观的极大益处。他
真诚地相信,真正的科学精神是在这个社会中尽责的人生和根据这一信
条生活之人的最好教师。在丁文江看来,

科学不但无所谓向外,而且是教育和修养的最好工具,因为
天天求真理,时时想破除成见,不但使学科学的人有求真理的能
力,而且有爱真理的诚心。无论遇见甚么事,都能平心静气去分
析研究,从复杂中求单简,从紊乱中求秩序;拿论理来训练他的
意想,而意想力愈增;用经验来指示他的直觉,而直觉力愈活。
了然于宇宙生物心理种种的关系,才能真正知道生活的乐趣。
这种"活泼泼地"心境,只有拿望远镜仰察过天空的虚漠,用显微
镜俯视过生物的幽微的人,方能参领得透彻,又岂是枯坐谈禅,
妄言玄理的人所能梦见。②

在看到丁文江的批判文章之后,张君劢随即写作一篇长文反驳丁文
江,其中主要篇幅用以讨论科学的知识论问题。张君劢列举许多有威望

---

① 丁文江:《玄学与科学》,第58页。
② 同上,第53—54页。

的西方思想家来支持自己,如杜里舒、汤姆生、柏格森、韦尔斯、伊肯和康德等。他指责丁文江全盘接受皮尔逊的现象主义认识论,否认知识只能通过经验科学获得并且感觉资料是知识唯一基础的观点。他指出,经验论的缺点在于,它没有合法的理由保证由科学本身所产生的知识可以为现实提供解释。张君劢指责丁文江说,丁文江本身也表明感官触觉不是知识的唯一源泉。他认为,把感觉资料视为知识的基础,就排除了与某种判断标准有关的其他手段,而判断标准并不在感觉的范围之内。他认为:"苟无辨别真伪之思想,则并感觉之彼此而亦不辨。"①他还陈述了科学家汤姆生的理论,即认为科学方法并不是获得知识的唯一途径,必须重视哲学、艺术和宗教。

5月30日,丁文江回复张君劢的反驳,再次否认了所谓精神科学与人生观之间有明显的界线。他认为,只有当人们确实发现了精神与物质之间存在或者不存在任何事实上的不同时,提出这一问题才是有意义的。他认为按照张君劢的观点——"物质精神的分别是以内外分,以我与非我分",那么,"物质精神是随人而异的",因为"从我这方面看起来,我是精神,非我的人是物质;从人家方面看起来,我是他的人,是物质,人是他的我,是精神"。②

张君劢认为艺术、哲学和宗教都能得到知识的论断,这引发了丁文江对宗教的论述。他认为宗教冲动是人类社会本质演化的结果,而"合群以前的种种根性不利于合群生活的,仍旧有一部分存在;往往同合群式的宗教性相冲突"。③ 人的善恶由这两种根性的冲突的胜负决定。另外,他认为,人类的矛盾是不同方法斗争的结果,而不是源于不可改变的本质。人的善恶部分由于天性,而优生学是改变先天的,教育是改变后天的。教育的最大问题是决定哪种环境适合人的宗教性的发展。由于科学方法在科学中的巨大成功,应利用科学教育使宗教性的冲动从盲目的变成自觉的,从黑暗的变成光明的。

这两位论战对手互相指责的长篇大论只是参战邀请书,几乎所有有

---

① 张君劢:《再论人生观与科学并答丁在君》,见张君劢、丁文江等:《科学与人生观》,第94页。
② 丁文江:《玄学与科学——答张君劢》,见张君劢、丁文江等:《科学与人生观》,第185页。
③ 同上,第204页。

影响的中国思想家都参加了论战。对拉开论战序幕负有责任的梁启超自命为仲裁人,制定了论战必须遵守的"国际公法"。但没有谁承认他的这种身份,所以他本人写了几篇参战文章。他采取中间立场,"人生问题,有大部分是可以——而且必要用科学方法来解决的。却有一小部分——或者还是最重要的部分是超科学的。"[①]当他说"人生关涉理智方面的事项,绝对要用科学方法来解决。关于情感方面的事项,绝对的超科学"[②]时,他强调感情是人生的主要部分。另一位参加者林宰平,承认科学方法对人类物质需要的用处,但不承认科学方法对人能有任何的控制。这些都是张君劢的微弱的同情者。他的一个强大的支持者是张东荪,一个受过训练的玄学家。他认为哲学已从神学中分离出来,其功能变成一种批判的科学;他采取自我批判的方法,力图综合所有的科学原则而形成一种更高的原则;科学只是描述而不是解释宇宙,它只回答"如何"而不回答"为何"。

二、论战的扩展

随着论战的进一步展开,越来越多的学者开始加入进来,这其中包括任鸿隽、陈独秀、吴稚晖、胡适等人。

任鸿隽高呼"人生观的科学是不可能的,但科学的人生观却是可能的"。他认为,不同人的人生观尽管有着很大的不同,但其共同之处在于要求外物与内心的调和,这种调和要求内心的我与外在物质世界之间的一致关系。因此,随着科学的进步、物质世界的智识的进步,人生观也随之而进步。他认为体现这一点的最明显的例子就是生物学上的进化论。因此,科学的进步能够间接推动人生观的进步。

不仅如此,科学实际上还可以直接创造一种人生观。科学中的人生观体现在几个方面:第一,科学的目的在于追求真理,而真理是无穷尽的,所以研究科学之人都有一种勇往直前、为真理而献身却不知老之将至的人生观;第二,由于科学探讨是没有界限的,因此,人们心中的一切偏见、私意都可以被科学所打破,最终达到自然与精神之间的一致;第三,科学研究的核心是发现不同现象、不同概念之间的因果关系,而只有将这种因

---

① 梁启超:《人生观与科学》,见张君劢、丁文江等:《科学与人生观》,第 139 页。
② 同上,第 142 页。

果关系应用到人生观上面,才会形成一种合理的人生观。①

张君劢对科学的批判,不仅引起了科学家的反感,而且也引发了陈独秀、吴稚晖、胡适等非科学家人士的反驳。

陈独秀当时已经完全信仰共产主义,这个曾经极力赞扬现代文明和科学精神的人,此时已经成为一名积极的共产党人,他坚定坚持马克思主义的社会发展理论,但实际上却无视它的更精致的理论前提。对陈独秀来说,科学规律就是绝对的经济规律。为了某种专门理论的合法性,陈独秀用"力"代替了社会科学中的"规律"。在为这部文集作的序言中,除吴稚晖以外,几乎所有人都成为了陈独秀的批判对象。在陈独秀看来,这类问题在欧洲早已争吵多年,而中国的这场论战只不过是欧洲思想论战在中国的一场迟到的反响。

陈独秀借用孔德的历史分类方法指出,中国目前仍处于宗教迷信时代。"你看全国最大多数的人,还是迷信巫鬼符咒算命卜卦等超物质以上的神秘;次多数像张君劢这样相信玄学的人,旧的士的阶级全体,新的士的阶级一大部分皆是……现在由迷信时代进步到科学时代,自然要经过玄学先生的狂吠……"陈独秀认为,孔德对人类社会三个时代的划分是社会科学上的一种"定律",它可以说明"许多时代许多社会许多个人的人生观之所以不同"。②

陈独秀指出,张君劢以"我"与"非我"来说明精神和物质世界,并列举了二者的九个不同之处。但在陈独秀看来,这九个范畴都可以被客观的、不变的、物质的规律证实。第一,大家族主义和小家族主义,完全是由农业经济宗法社会进化到工业经济军国社会的自然现象;第二,男尊女卑的婚姻制度,原因在于农业宗法制度下,女性及子女被当作生产工具,成为了一种财产,而这种现象会随着雇佣制度的确立和家庭手工生产的取消而逐渐消失;第三,财产所有制采取公有制还是私有制,这完全是由原始共产社会、农业社会、工业社会不同的生产能力和生产方式决定的;第四,守旧与维新之争,也是源自现社会的经济变化与前社会的旧制度之间的

---

① 任叔永:《人生观的科学或科学的人生观》,见张君劢、丁文江等:《科学与人生观》,第126—131页。

② 陈独秀:《〈科学与人生观〉序》,见张君劢、丁文江等:《科学与人生观》,第3页。

矛盾;第五,物质精神之异见,源自人们的特殊生存环境;第六,社会主义的发生,同财产公有制是一样的;第七,人性中本来就有为我和利他两种本能,至于哪种本能被激发出来,则是由其所遭遇的环境以及社会历史的暗示所决定的;第八,人们到底是持乐观主义态度还是悲观主义态度,同样受到周围环境及社会历史条件的限制;第九,宗教思想的变迁,更是受到了时代及社会势力的支配。因此,人生观并不完全是主观的,它要受社会历史条件的限制,仍然可以得到解释。

在论战中,陈独秀写了《〈科学与人生观〉序》《答张君劢与梁任公》,瞿秋白发表了《自由世界与必然世界》等重要文章,揭露了论战的实质,对论战双方的唯心主义观点都进行了一定的批判,阐述了辩证唯物主义和历史唯物主义的观点。陈独秀认为,科学派和玄学派在处理人生观问题上都是唯心主义的,因此不可能合理、科学地解决人生观问题。他指出,按照马克思主义,先有物质世界,而后才有人的思想,客观的物质基础决定了历史和社会的发展,进而支配着人们的人生观。瞿秋白指出,科学与人生观之争的实质在于是否承认社会现象受因果关系支配,是否承认自由意志的存在,是"必然"与"自由"的问题。同陈独秀一样,瞿秋白也批判了双方的唯心主义立场,并进而指出,自然界和人类社会虽然有着千千万万种不同,但本质上却是类似的,即都具有客观规律性。在瞿秋白看来,自然演化和历史发展的规律是必然的,而对必然的探索则是自由的。因此,人生观不可能是偶然的,它是一定社会存在的历史性产物。科学派和玄学派的唯心主义立场都无法看到这一点,而只有马克思主义的历史唯物主义立场才能够合理地解决人生观问题。

当陈独秀坚持一元论的时候,他的朋友胡适却相信多元论。他这样评说陈独秀,"独秀在这篇序里曾说,'心即是物之一种表现',那么,'客观的物质原因'似乎应该包括一切'心的'原因了……这样解释起来,独秀的历史观就成了'只有客观的原因(包括经济组织、知识、思想等等)可以变动社会,可以解释历史,可以支配人生观。'"[①]胡适认为,几乎所有的发言者都忽视了一个重要问题,即科学的人生观是什么。他嘲笑张君劢的玄

学而称赞吴稚晖勇敢地提出了自己的人生观。他极力称赞吴稚晖的"一个新信仰的宇宙观及人生观"。胡适认为这才是正确的人生观。他写道：

> 他一笔勾销了上帝，抹煞了灵魂，戳穿了"人为万物之灵"的玄秘。这才是真正的挑战。我们要看那些信仰上帝的人们出来替上帝向吴老先生作战。我们要看那些信仰灵魂的人们出来替灵魂向吴老先生作战。我们要看那些信仰人生的神秘的人们出来向这"两手动物演戏"的人生观作战。我们要看那些认爱情为玄秘的人们出来向这"全是生理作用，并无丝毫微妙"的爱情观作战……
>
> 拥护科学的先生们！你们以后的作战，请先研究吴稚晖的"新信仰的宇宙观及人生观"：完全赞成他的，请准备替他辩护，像赫胥黎替达尔文辩护一样；不能完全赞成他的，请提出修正案，像后来的生物学者修正达尔文主义一样。[①]

与吴稚晖一样，胡适在这场论战之前就表明了其世界观的基础在于对科学的信仰，这场争论使他有机会进一步发挥他的观点。在胡适看来，人生观是随经验和常识而变化的，所以宣传（就褒义而言）和教育能为人类树立良好的人生观提供广阔的基础。他争论说，宗教使有神论和灵魂不灭论统一欧洲的人生观达千余年之久，那么科学的世界观也应能通过教育和宣传达到"大同小异"的一致。所以，他认为迫切的任务是普及、传播这种新的人生观。胡适建立了自己的人生观，这在某些地方借鉴了"吴稚晖的观点"。其要点如下：

　　（1）根据于天文学和物理学的知识，叫人知道空间的无穷之大。

　　（2）根据于地质学及古生物学的知识，叫人知道时间的无穷之长。

　　（3）根据于一切科学，叫人知道宇宙及其中万物的运行变

---

① 胡适：《〈科学与人生观〉序》，见张君劢、丁文江等：《科学与人生观》，第 20 页。

迁皆是自然的，——自己是如此的，——正用不着什么超自然的主宰或造物者。

（4）根据于生物的科学的知识，叫人知道生物界的生存竞争的浪费与惨酷，——因此，叫人更可以明白那"有好生之德"的主宰的假设是不能成立的。

（5）根据于生物学、生理学、心理学的知识，叫人知道人不过是动物的一种，他和别种动物只有程度的差异，并无种类的区别。

（6）根据于生物的科学及人类学、人种学、社会学的知识，叫人知道生物及人类社会演进的历史和演进的原因。

（7）根据于生物的及心理的科学，叫人知道一切心理的现象都是有因的。

（8）根据于生物学及社会学的知识，叫人知道道德礼教是变迁的，而变迁的原因都是可以用科学方法寻求出来的。

（9）根据于新的物理化学的知识，叫人知道物质不是死的，是活的；不是静的，是动的。

（10）根据于生物学及社会学的知识，叫人知道个人——"小我"——是要死灭的，而人类——"大我"——是不死的，不朽的；叫人知道"为全种万世而生活"就是宗教，就是最高的宗教；而那些替个人谋死后的"天堂""净土"的宗教，乃是自私自利的宗教。[1]

胡适认为这种人生观是建立在三百年科学常识之上的一个假设，可谓一种科学的人生观，但为避免争论，胡适称之为"自然主义的人生观"。这样，无神论者胡适又一次取消了上帝与灵魂不朽的存在。与吴稚晖一样，他提出了以科学知识为基础的具体的人生观。反科学论调者不但被嘲笑，而且还遇到一套新哲学体系的挑战。胡适和吴稚晖利用科学的流行、成功来建立一套有意义的哲学，以引导到达无私的人生。在探索一套

---

[1]　胡适：《〈科学与人生观〉序》，第23—24页。

有意义框架的批判年代里，这对大多数新老进步的思想家有极大的吸引力。①

第二节　科学派胜利的历史情境

一、"西方的没落"与科学万能论的破产

这场论战的直接导火索是张君劢在清华的演讲，但是，它之所以能够引发一场学术界的大论战，而且这场论战能够产生如此持久、强烈的影响，是有着深刻的思想和文化背景的。就当时而言，领导了新文化运动的陈独秀等人举起民主与科学的大旗，主张向西方学习，因此，科学是新文化运动的基本内容和基本目标之一。不仅如此，陈独秀等人还表达了一种试图用科学来充实、补充、改造人生观的强烈愿望，如其 1915 年所作《今日之教育方针》所言，"人生真相如何，求之古说，恒觉其难通，征之科学，差谓其近是"，科学乃"近世欧洲之时代精神"，"此精神磅礴无所不至：见之伦理道德者，为乐利主义；见之政治者，为最大多数幸福主义；见之哲学者，曰经验论，曰唯物论；见之宗教者，曰无神论；见之文学美术者，曰写实主义，曰自然主义"。② 建立并普及科学的人生观，成为新文化运动的一项重要内容。

当陈独秀、胡适等人满怀信心地鼓动向西方学习的运动时，西方近代文化却笼罩着阴影，第一次世界大战的爆发使许多欧洲人对西方文化产生了危机感，西方人开始反思自己的文化。1918 年 7 月，第一次世界大战结束前夕，德国内外形势严峻，这时一本名为《西方的没落》的著作在维也纳出版，作者为奥斯瓦尔德·斯宾格勒。这本书面世时引起了巨大的轰动。这本书出现的文化背景一方面是现代民主政治的发展和科技在现实生活中的广泛运用，另一方面是军国主义的崛起，在欧洲尤其是在德国的思想界，普遍弥漫着一种文化危机和价值重估的倾向。现象学家舍勒、社会学家韦伯、历史学家特勒尔奇、诗人斯特凡等，都以一种浓重的悲观

---

① 郭颖颐：《中国现代思想中的唯科学主义》，江苏人民出版社 1995 年版，第 131 页。

② 陈独秀：《陈独秀文选》，上海远东出版社 1994 年版，第 15 页。

笔调描述西方黄金时代的远去和完整性的消逝。"文化的没落"成为西方那一时期的一个图像而受到重视,斯宾格勒从"文化的比较形态学"的角度去揭示西方文化走向没落的历史必然性,而现代民主政治、军国主义、技术主义、大都市经济等,都作为现代西方文化(文明)的历史象征,被编织到一个整体的文化图像中来加以说明。① 第一次世界大战后西方社会所发生的一切以及思想界中悲观主义的出现,逐渐在中国引起了回响,这种回响在 20 世纪初达到了一个高潮。

1919 年初,梁启超一行包括张君劢、丁文江等人赴巴黎参加巴黎和会,随后,他们在欧洲各大城市进行了旅行访问。访问期间,一位著名的美国记者曾问及梁启超:"你回到中国干什么事,是否要把西洋文明带些回去?"梁启超回答说:"这个自然。"这位美国记者叹一口气说:"唉!可怜!西洋文明已经破产了。"梁启超又问这位美国记者:"你回到美国却干什么?"这位美国记者回答说:"我回去就关起大门老等,等你们把中国文明输进来救拔我们。"②乍听此话,梁启超以为这位美国记者故意奚落他。但在后来的旅行中,梁启超发现这是当时许多欧洲学者的共同观点。欧洲文化的这种悲观风气来自第一次世界大战后欧洲的现实:国家经济的困境、人们生活的困窘和思想界的混乱。但梁启超更关心的是西方的战争以及与之相关的社会危机的根源。他认为,西方近代自由主义的经济和政治制度以及科学的力量导致了经济的迅速膨胀,但这也正是西方社会危机的根源。梁启超认为这是"科学万能论"导致的悲观后果。如其所言:"要而言之,近代人因科学发达,生出工业革命,外部生活变迁急剧,内部生活随而动摇。"这是因为,科学的发展消解了宗教及旧哲学的权威,而新的"唯物派的哲学家"又支持一种科学庇护下的纯物质的、纯机械的人生观,把一切内部生活、外部生活都归到物质运动的"必然法则"之下。这样,自由意志就被否定了,既然自由意志不存在了,那么善恶的责任也就没有了基础。梁启超认为这是当时思想界的最大的危机。同时,旧的宗教与哲学权威被取消后,新的却又没有树立起来,因此,人们的生活就失

① 奥斯瓦尔德·斯宾格勒:《西方的没落》,吴琼译,三联书店 2006 年版,"译者导言",第1—3 页。

② 梁启超:《梁启超游记》,东方出版社 2012 年版,第 19 页。

去了方向,没有了敬畏之感,进而享乐主义、强权主义等就开始流行。最终结果就是第一次世界大战的爆发。如梁启超所言:

> 宗教和旧哲学既已被科学打得个旗靡帜乱,这位"科学先生"便自当仁不让起来……今日认为真理,明日已成谬见……所以全社会人心,都陷入怀疑沉闷畏惧之中,好像失了罗针的海船遇着风雾,不知前途怎生是好。既然如此,所以那些什么乐利主义强权主义越发得势。死后既没有天堂,只好尽这几十年尽情地快活。善恶既没有责任,何妨尽我的手段来充满我个人欲望。然而享用的物质增加速率,总不能和欲望的升腾同一比例,而且没有法子令他均衡。怎么好呢? 只有凭自己的力量自由竞争起来,质而言之,就是弱肉强食。近年来甚么军阀,甚么财阀,都是从这条路产生出来。这回大战争,便是一个报应……
>
> 总之,在这种人生观底下,那么千千万万人前脚接后脚的来这世界走一趟住几十年,干什么呢? 独一无二的目的就是抢面包吃。不然就是怕那宇宙间物质运动的大轮子缺了发动力,特自来供给他燃料。果真这样,人生还有一毫意味,人类还有一毫价值吗? 无奈当科学全盛时代,那主要的思潮,却是偏在这方面,当时讴歌科学万能的人,满望着科学成功,黄金世界便指日出现。如今功总算成了,一百年物质的进步,比从前三千年所得还加几倍。我们人类不惟没有得着幸福,倒反带来许多灾难。好像沙漠中失路的旅人,远远望见个大黑影,拼命往前赶,以为可以靠他向导,那知赶上几程,影子却不见了,因此无限凄惶失望。影子是谁,就是这位"科学先生"。欧洲人做了一场科学万能的大梦,到如今却叫起科学破产来。[①]

梁启超在文章结尾又加了条保留性说明,"读者切勿误会,因此菲薄科学,我绝不承认科学破产,不过也不承认科学万能罢了。"正如所料,梁启超的清醒的忠告并没有引起注意。他对唯科学万能论的否定为传统主

---

① 胡适:《〈科学与人生观〉序·附注:答陈独秀先生》,第 10—11 页。

义者对科学的批判提供了新颖的借鉴。同时，由于指出了内在生活与外在生活的区别，梁启超也为他们提供了坚持多元为基础的人生观的权威。由于暗示了现代文明是物质的，他使他们大声喊出了这样的名言——物质文明是坏的，精神文明是好的。而且，梁启超将战争的原因归咎于物质文明，并宣布"科学破产"，这就为"玄学鬼"将战争与流血的罪责强加于科学提供了说辞。最后，由于表现出过分强调科学的悲观，梁启超指出了恢复传统价值的迫切性。梁启超等人在感情上排拒西方，但是在理智上接受了西方。因此，在感情上的排斥和在理智上的接纳，就造成了很多的紧张、冲突与矛盾。

洋务派代表人物之一的张之洞从另一个角度，提出了"中学为体，西学为用"的类似的折中观点。他希望保持文化认同，进行某种适应。"体"就是认同，"用"就是适应。他没有想到无用之"体"，无体之"用"。如果中国学术是"体"而无用，它在社会上不会发生很大的作用。而如果西方学术只是"用"，不能进入我们的"体"内，则西方学术真正比较深刻的价值是带不进来的，这只是一种工具理性的理解，即从功能或实用的立场来接受。所以，所谓"中学为体，西学为用"，导致了中国学术成为无用之"体"，即一套抽象的、没有实质价值的空洞语言；而西方学术成为无体之"用"，即一套散离的科学技术，而没有整合的文化价值。对西学，只是学它的科学技术，但不学它的民主制度、科学精神，不面对它的宗教、哲学各方面的考验，这样要真正了解西方是很难的。所以，"中学为体，西学为用"的模式表面上看起来很有说服力，其实在骨子里是一种没有理论基础和实践价值的浮词泛语。

对科学万能论的批判和对西方文明的怀疑，以及从西方人对西方文化的失望与对东方文化的期许中，梁启超相信东方文化可以成为西方文明的救赎剂，"大海对岸那边有好几万万人，愁着物质文明破产，哀哀欲绝的喊救命，等着你来超拔他哩，我们在天的祖宗三大圣和许多前辈，眼巴巴盼望你完成他的事业，正拿着他的精神来加佑你哩。"[①]固然，梁启超的旅欧观感并不完全，但是，他回国后发表的上述评论则成为一个重要标

---

① 梁启超：《欧游心影录》，见罗荣渠：《从"西化"到现代化》，北京大学出版社1997年版，第47页。

志,标志着文化保守主义的崛起,并且他曾是一位热烈介绍过西方文化的人,此时的这些言论自然就更加引人注目。

在梁启超及其他文化保守派的著作中,存在着一个共同的主题,就是以西方的科学文明或物质文明为基础的人生观是西方社会危机的根源,而中国传统文化的超越性,也正来自中国传统精神文明的人生观。因此,争论的基本点是精神与物质何者优先的问题,由此推导出一个哲学性的争论,即东方文明是精神的,而西方文明(由科学形成)是物质的。哲学家和玄学家们极力论证,赞同有一个超越现世感觉的彼岸世界的存在。他们认为,意识摆脱、独立于外部世界,其本身就有形成人生观念的能力。科学家(包括某些非科学家)则否认这种内在世界的存在。他们认为,经验的外部世界决定了精神和意识的形式和内容。玄学派则坚持内心生活与外部世界的明确划分,认为内心生活是由直觉和灵感而发现,生活的外部世界则应科学地研究。科学派认为需要汲取西方强大的、实现现代化的精神,认为生活的两方面(精神与物质)应被视为统一的。科学派的生活概念不是个别的而是统一的,认为精神与物质互相作用。科学的任务是发现人生的物质实在,检验作为一种社会存在的人的志向和欲望。更进一步说,科学是发现满足这些志向、欲望和需要的手段。因此,他们认为科学有廓清现实和实现人生理想的双重作用。

而在这些工作中只有极少数力图分析精神和物质的实质,令人颇感诧异。这可能是因为,双方都面临着从传统取向向现代取向过渡的一种价值体系选择。精神与物质这一问题的深刻的哲学意义被弱化了,转换生成为对人生的精神和现实的实际关注。那些认为中国的转变对传统是一种威胁的人,焦急地指出物质的世界观和文明的危害,认为为了生存,国粹及其高度的精神发展应被完全地保留。[①]

二、救亡图存的时刻中国更需要科学

15 和 16 世纪是人类历史发展的一个特殊时期,因为在这一时期,原先独立发展、相互隔绝的几块大陆,开始在航海探险的推动下,联系在一起,在一种空间的意义上,全球化开始启动。实际上,中国在人类的航海

---

① 郭颖颐:《中国现代思想中的唯科学主义》,第 128 页。

探险事业中，最初是走在前列的。1405 年至 1433 年，郑和率领庞大的船队七下西洋，开创了人类航海史上的壮举。然而，在这之后，明朝政府强化海禁政策，中国人的远洋探险事业就此搁浅。而西方的探险事业则如火如荼，1492 年，哥伦布率领西班牙船队横渡大西洋，发现了美洲大陆；1519 年至 1522 年，麦哲伦舰队完成了人类历史上首次环球航行。诚如梁启超所言，"郑和以后，竟无第二之郑和"，而西方"在哥伦布以后，有无量数之哥伦布"。

地理大发现，一方面给欧洲社会带来了巨大的市场和巨额的财富，另一方面也开始激起一场深刻的思想革命。这场思想革命的一个后果就是从古希腊学术复兴而来的西方科学，随着西方国家的殖民扩张，开始向非西方世界扩散。1607 年，徐光启与利玛窦合译了《几何原本》的前 6 卷，揭开了中西文化交流的新篇章。徐光启创造性地发明了"几何"一词，并给予《几何原本》高度的评价，"此书为益，能令学理者祛其浮气，练其精心，学事者资其定法，发其巧思，故举世无一人不当学"，"百年之后，必人人习之"。① 然而，这新的一页同时也带来了中西数学思维方式的碰撞。受道家思想的影响，中国传统科学包括数学在内基本上是沿着实用的道路前进。中国数学家所关注的都是具体问题，如河渠的计算、粮仓的大小等，是"代数性算法模式"。而《几何原本》表现出来的却是"抽象几何推理模式"，其公理化思维方式，演算方法，所用的点、线、面、圆等抽象概念，与中国传统数学所表现出来的实用性思维方式形成了巨大的反差。

尽管中西科学交流从明末就已经开始，甚至在士大夫阶层中获得了一定的市场，但是从一开始，这种交流就受到了传统势力"夷夏之辨"的反对，因此它也就无法成为全社会的风尚。到了清朝中期，康熙和梅文鼎君臣二人确定了"西学中源"的基调，这都反映了作为整体的中国文化和中国社会对科学为代表的西学的排斥。到了清朝末年，由于受到了西方坚船利炮的威胁和危害，洋务运动的实践者们被迫开始向西方学习技术，在认识到技术与科学的关系之后，又将学习的对象扩展到科学上。但科学在全社会范围内仍然不属于强势文化，尽管随着新文化运动、中国科学社

---

① 徐光启：《几何原本杂议》，见朱维铮：《利玛窦中文著译集》，复旦大学出版社 2001 年版，第 305—306 页。

成立等事件的影响,科学的影响范围开始扩大,但这并不等于说中国的科学已经达到了与西方国家同等的程度。

这是中国人在民族危机的关键时刻不得不做出的历史选择,科学救国已成为当时中国社会的共识。从某种意义上说,正是梁启超"科学万能之梦"已经破产的惊呼引发了 1923 年的科玄论战,而他之所以要打破"科学万能"的美梦,并不在于反对科学,而是在于引起国人对欧洲"科学破产"的警醒,尽量减少科学神话带来的负面影响。胡适认为,认清落后就要挨打的历史,认清中国科学和技术仍然落后的现实,那么,就不会生出反科学的念头了。在胡适看来,梁启超的观点确实助长了反科学的风气,甚至那些未曾出过国门的老先生也可能开始声称欧洲科学破产了,因为这一观点有着权威性的来源,即梁启超。但是,胡适指出,在中国和欧洲,科学发展的程度是完全不一样的。欧洲科学从文艺复兴和科学革命以来,已经经历了几百年的发展,甚至说科学发展的某些负面效应可能开始显现。在整个社会充满着科学的风气,而且科学也开始在社会上占据强势地位的时候,人们对科学发些牢骚,发些抱怨,甚至对科学进行一些批判,这都无伤大雅,不会对科学继续在欧洲的发展产生多大影响。如其所言,"欧洲的科学已到了根深蒂固的地位,不怕玄学鬼来攻击了。几个反动的哲学家,平素饱餍了科学的滋味,偶尔对科学发几句牢骚话,就像富贵人家吃厌了鱼肉,常想尝尝咸菜豆腐的风味;这种反动并没有什么大危险。那光焰万丈的科学,决不是这几个玄学鬼摇撼得动的。"但对中国而言,情况就完全不一样了。如其所言:

> 一到中国,便不同了。中国此时还不曾享着科学的赐福,更谈不到科学带来的"灾难"。我们试睁开眼看看:这遍地的乩坛道院,这遍地的仙方鬼照相,这样不发达的交通,这样不发达的实业,——我们那里配排斥科学?至于"人生观",我们只有做官发财的人生观,只有靠天吃饭的人生观,只有求神问卜的人生观,只有《安士全书》的人生观,只有《太上感应篇》的人生观,——中国人的人生观还不曾和科学行见面礼呢!我们当这个时候,正苦科学的提倡不够,正苦科学的教育不发达,正苦科学的势力还不能扫除那迷漫全国的乌烟瘴气,——不料还有名

流学者出来高唱"欧洲科学破产"的喊声，出来把欧洲文化破产
的罪名归到科学身上，出来菲薄科学，历数科学家的人生观的罪
状，不要科学在人生观上发生影响！信仰科学的人看了这种现
状，能不发愁吗？能不大声疾呼出来替科学辩护吗？[①]

当然，20世纪下半叶，西方文化一方面把人类带到了前所未有的辉
煌世界，各种价值领域都开发出来了，科学技术以前所不能想象的选择都
有了，但同时也把人类带到了毁灭的危机边缘，带来了核战威胁、生态破
坏、贫富不均、人口爆炸和社会解体等种种全球化问题，这是当代人类所
面临的共同困境。这些全球性问题为我们提供了深层反思现代西方文明
的条件。在这一背景下，也许就像吴稚晖先生所说的那样，是重拾我们国
故的时候了。发掘中国传统的人文资源不仅有助于中国现代精神的发
展，也可建构全球伦理，以遏制现代化所带来的全球性问题。这需要一个
从多层次、多向面、多维度和多因素的视野来重新考虑中国传统文化的现
代转型和现代精神的诠释。同时，从思维方式的角度来看，全球化和地方
性之间的紧张使得西方现代主义面临危机；若想从文明根源处着手来探
讨解决人类长久共生之道，就必须改变人类社会以西方"启蒙精神"为唯
一基础的游戏规则，以多元文化的思维方式去建立全球伦理。

本章小结

"科玄论战"是中国近代思想史上一次重要的理论交锋，对于巩固新
文化运动的胜利成果、塑造更具前瞻性的文化形态具有重要意义。论战
双方的主要参与者都受过较为系统的西方学术思潮的熏陶，论战的焦点
实质上可以归结为科学实证论与人文主义的分歧、工具理性和价值理性
的冲突、决定论与自由意志的是非、物质文明与精神文明孰优孰劣的论
战。因此，"科玄论战"可以说是"斯诺命题"在中西文化交流背景下的一
个切实案例。这场论战进行了一年多，表面上以科学派取胜而结束。这
是中国人在民族危机的关键时刻不得不做出的历史选择，因为科学救国

①　胡适：《〈科学与人生观〉序》，第12—13页。

已成为当时中国社会的共识。正是梁启超发出了"科学万能之梦"已经破产的惊呼，甚至可以说，也正是梁启超的这一观点引发了科玄论战。当然，梁启超打破"科学万能之梦"，其本意并不在反对和消解科学，而在于让人们清醒地认识到科学的局限，以减少对科学的极端信仰所带来的负面影响。然而，面临着救亡图存的民族危机的时刻，如果我们还一味渲染"科学万能之梦"的破产，甚至以传统文化、以一战后西方的反科学思潮来菲薄科学，这显然难解国人当时的燃眉之急，甚至与其解决之迫背道而驰。

■ 思考题

1. 试分析科玄论战各方的主要立场及其依据。

2. 你认为科玄论战是中国近代化过程中的一个必然事件吗？

3. 中国当下正在经历着一场传统文化的复兴运动，在这一独特的历史背景下，你如何看待中国传统文化与科学之间的关系？

■ 扩展阅读

1. 张君劢、丁文江等.科学与人生观.山东人民出版社,1997.

2. 罗荣渠.从"西化"到现代化.北京大学出版社,1997.

3. 杜维明.现代精神与儒家传统.三联书店,1997.

第五章　科学与宗教

科学与宗教之间的关系是人类社会的一个永恒话题。尽管通常观点主张两者之间的对立,但不管从历史还是从现实,不管从理论还是从实践来看,科学与宗教在很多层面都是具有一致性的。科学与宗教之间的融洽与冲突构成了人类社会的一个重要主题。

第一节　科学与宗教之间的张力

一、科学与宗教的冲突

很多情况下,科学与宗教之间呈现出冲突的关系,特别是在科学观点与宗教主张无法调和的时候。这种冲突的根本来源在于科学的声称超出了宗教神学所可能的接受范围,不过,随着科学的进步和历史的发展,宗教也不得不承认这些科学主张的合理地位,即便它仍然无法与宗教教义相调和。

(一) 伽利略审判

伽利略·伽利莱是 16 至 17 世纪意大利最著名的物理学家、天文学家,他开创了新的实验哲学传统,他所使用的实验与数学相结合的工作方法,开创了近代物理学甚至近代科学的新传统。伽利略的贡献在于:发明了温度计,改进了望远镜,并且首次将望远镜对准天空进行观测;在力学领域,驳斥了亚里士多德的运动理论,推翻了亚里士多德所认为的"物体下落的速度与物体的重量相关"的观点,确定了落体定律;提出了惯性定律,解决了地动学说的一个根本难题。当伽利略将望远镜对准天空的时候,他发现月球表面是有阴影的,而且其明暗界线也是一条锯齿状的不规则线条,这说明月球表面是崎岖不平的,木星原来有卫星,土星原来有光环,金星、水星存在盈亏现象,最终在经验层面上验证了哥白尼的日心说体系。1610 年,他将自己对月球、金星等的观察,写进了其著作《星际使者》之中,这本小册子使得伽利略在意大利获得了极大的声誉,他本人甚至成为了美第奇家族的首席数学家,并且被选为林琴学院的成员。伽利略声名日隆,然而,到了1633年,伽利略的境况完全改变,他遭到了罗马教廷宗教裁判所的审判,最后以异端罪被判入狱。

在伽利略的时代,欧洲仍处于神权统治之下,神学是当时的主导性思想。神学家们宣称,宇宙是由错层嵌套的水晶球构成的,地球静止不动,处于这些水晶球的中心。在科学上,神学家们推崇亚里士多德和托勒密的地心说,在神学家看来,太阳围绕地球旋转,其目的也在于照亮地球,造福人类。这是宗教上永恒不变的真理。为了维护这一神学理论,宗教裁判所不惜使用恐怖暴力压制一切反对的声音。1600年2月17日,意大利哲学家布鲁诺在罗马鲜花广场被烧死,也是因为他到处宣传哥白尼的学说,企图颠覆地心说。

图示　伽利略接受审判

1632年,伽利略出版了著作《关于两大世界体系的对话》,著作采取三人辩论的形式,批判了亚里士多德的观点,赞扬了哥白尼的学说。这彻底激怒了教会,因此,宗教裁判所下令禁止该书出售,并成立专门组织对本书进行审查。在教会的重压下,伽利略最后妥协,发表公开声明,不再坚持哥白尼的日心说。

1642年1月8日,78岁的伽利略停止了呼吸,但是他毕生捍卫的真理却永世长存。1979年11月,在世界主教会议上,罗马教皇提出重新审理"伽利略案件"。1992 年 10 月 31 日,伽利略蒙冤 360 年后终于获得教会的平反。

(二) 达尔文进化论与基督教思想的冲突

达尔文的进化论也与宗教教义之间发生了严重的冲突,最直接的一点就是,如果生物是通过自然选择而得以适应和发展,那么,在物种产生或者发展的持续过程中,上帝的位置何在? 进化论的挑战有以下几个方面。

(1) 对《圣经》创世说的挑战:生物的长期进化否定了《圣经》中所说的七天创世说。

(2) 对人类尊严的挑战:在传统的基督教学说看来,人类与其他生物是判然有别的,人类独特的理性和道德能力保证了其独一无二的地位。但在进化论中,人类成为了自然的一部分,不论从历史发展还是从目前的性状来看,都不存在把人和动物生命截然分开的界线。达尔文和他的许多后继者都强调人类行为和动物行为的相似性,尽管也有其他一些生物学家坚持人类语言和文化的独特性。

(3) 对设计理论的挑战:在一个静态的宇宙中,有机体的复杂功能及其对周围环境的和谐适应,为存在一位智能的设计者提供了很有说服力的论证。但达尔文却表明,适应可以用一个变异和自然选择的自然过程来解释。这就否定了这位智能设计者或者说上帝的存在。

生物学家道金斯也立足于科学的新近发展,否定了在自然演化过程中设计者或神存在的可能性。道金斯说:

> 在一个充满盲目的物质力量和基因复制的宇宙里,有人受伤,有人走运,你在其中既找不到任何和谐和理由,也找不到任何公正。如果归根结底,宇宙不存在设计,没有目的,无善无恶,只有盲目的、无情的冷漠,那么,我们所能期望的宇宙性质恰好就是我们现在所观察到的……对这一切,DNA 既不关心,也不知道。DNA 只是存在着。而我们则按照它的音乐来跳舞。[①]

---

① 伊安·巴伯:《当科学遇到宗教》,苏贤贵译,三联书店 2004 年版,第 102 页。

　　进化论对宗教教义的否定也遭到了宗教团体的反驳和批判,20 世纪创世论与进化论之间的三场争论就说明了两者在一些根本问题上的分歧。第三节将会对这一争论进行详细的分析。

二、科学与宗教的一致

　　然而,科学与宗教也并不是全然冲突,在很多时候它们也具有一致性。在根深蒂固的西方基督教社会,我们时常能见到的一个现象就是:周一到周五在实验室辛勤劳作的科学家,周末会出现在教堂的祈祷人群中,或五花八门的教堂所组织的"科学与宗教"的讲座上,他们正在用自己的科学理论去论证上帝如何创造出其杰作——自然与人类。用通俗的话来说,科学家周一到周五是"唯物论者",到了周末,却变成了"唯心论者"。事实上,近代重大科学发现几乎都产生于基督教(包括天主教)国家。在最早的科学促进机构英国皇家学会的会员当中,有 70％的人是清教徒,其中有许多人还是神职人员;近一百多年来诺贝尔科学奖得主绝大多数是基督徒。

　　开普勒在一定程度上是一个新柏拉图主义者,他坚持上帝是一位几何学家,他按照数的和谐创造了世界,而人则能够通过认识这个数和量的世界,获得知识和认识上帝。伽利略同样如此,尽管他提出了与传统神学并不相符的科学理论,但这并不影响他成为一名虔诚的天主教徒。他坚信,神的启示是他能够了解和认识宇宙奥秘的原因。"就数学论证给予我们以其知识的真理而言,神的智慧同样也能知道它:但是……上帝知道无限多的命题,我们只理解其中的一些命题,而且他知道的方式比我们知道的方式要优越得多,我们是从推理开始入手,并从结论逐步过渡到结论,而上帝对一个思想的理解就意味着对它的无穷多的结论的直接理解,他勿需进行时间上的推理。"对上帝来说,对万物本质的认识是直接的,无须花费时间,"我们的才智要花费时间,在逐渐的运动中才能理解这些推理,而神的智慧像光一样在一瞬间便能穿透这些同样的,而且总是呈现在神的面前的推理。"[1]尽管上帝知晓一切,而我们只能知晓部分,但是通过领悟,我们可以借助数学证明,获得知识的确定性,在此意义上,它的确定性

---

[1]　爱德文·阿瑟·伯特:《近代物理科学的形而上学基础》,第 62 页。

等同于神性。

美国哈佛大学科学史家比奥基奥里 1993 年发表了《伽利略:奉承者》一书。在书中,作者采用当下科学史中流行的社会建构论的手法,对伽利略案件进行了历史重构。他表明伽利略的科学研究的目标是把自己从一位数学家或科学家的身份,提升到一位自然哲学家的地位。就伽利略与耶稣会士的数学家格拉西有关彗星的论战,比奥基奥里认为这同样是事实,在其中,他出色的文学表达技巧与对对手的讽刺使他赢得了罗马教皇的赞美。正是在这种论战的语境中,伽利略逐渐接受了哥白尼的宇宙学。比奥基奥里争辩说,哥白尼学说并不是对伽利略的一种事先的承诺,也不是指导伽利略研究的基本哲学立场,相反,伽利略清楚地表明,以太阳为中心的宇宙观有助于把数学家伽利略提升为一位有资格的自然哲学家,因此能够使他摆脱那种限制他的学术界的等级秩序。也就是说,伽利略采用哥白尼学说的目的是为了提高他的宫廷地位,"我们正研究伽利略新的社会职业的认同性与它对哥白尼主义承诺的相互强化的过程"。① 就伽利略 1633 年受罗马宗教裁判所审判一事,比奥基奥里认为,这一段历史插曲表明,伽利略同样经历了那种最终阻碍他的身份认同愿望得到实现的强烈限制。可以这么说,"在文艺复兴—巴洛克式的欧洲,皇家学会是由王室、贵族政治和教会所赞助的,它们构成了社会权力得以流动的控制力量。正是这些力量的存在,使科学的实践者在趋向认同与自我塑造的过程中表达自己。"②

牛顿也是一个坚定的宗教信仰者,他的科学研究,最终目的也是为了增进对上帝的认识。在其著作《自然哲学之数学原理》中,他说道:

> 一切事物都包含在他之中并且在他之中运动;但却不相互影响:物体的运动完全无损于上帝;无处不在的上帝也不阻碍物体的运动……他必是浑然一体的,他浑身是眼,浑身是耳,浑身是脑,浑身是臂,浑身都有能力感觉、理解和行动……我们只能

---

① Mario Biagioli, *Galileo, Courtier*, Chicago: University of Chicago Press, 1993, p.226.

② Jan Golinski, *Making Natural Knowledge: Constructivism and the History of Science*, Chicago: University of Chicago Press, 1998, p.61.

通过他对事物的最聪明，最卓越的设计，以及终极的原因来认识他……①

于是，上帝成为了牛顿科学的目的，而科学则成为了认识上帝的手段。牛顿的墓志铭很好地表达了牛顿工作中的这两个重要目标：

> 伊萨克·牛顿爵士安葬在这里。他以超乎常人的智力，第一个证明了行星的运动与形状，彗星的轨道与海洋的潮汐。他孜孜不倦地研究光线的各种不同的折射角，颜色所产生的种种性质。对于自然、历史和《圣经》，他是一个勤勉、敏锐而忠实的诠释者。他以自己的哲学证明了上帝的庄严，并在他的举止中表现了福音的纯朴。让人类欢呼曾经存在过这样一位伟大的人类之光。②

20 世纪最伟大的物理学家爱因斯坦也认为，尽管宗教和科学之间是界线分明的，但两者之间也存在着"牢固的相互关系和依存性"。他说："科学没有宗教就像瘸子，宗教没有科学就像瞎子。"爱因斯坦指出，宗教能够为科学提供两方面的推动力，一方面，"科学只能由那些全心全意追求真理和向往理解事物的人来创造"，而科学家的这种情感的来源只能是宗教领域；另一方面，宗教也有助于科学家建立

图示　英国威斯敏斯特教堂中的牛顿墓

---

① 伊萨克·牛顿：《自然哲学之数学原理》，第 613—614 页。
② 侯书雄：《伟人百传》（第 14 卷），远方出版社 2002 年版，第 159 页。

起一种信仰："相信那些对于现存世界有效的规律能够是合乎理性的,也就是说可以由理性来解释的。"他认为,不具备这样两种信仰的人是不可能成为科学家的。因此,在爱因斯坦看来,这种"宇宙宗教情感"成为了人们研究科学的最强有力的动机,在此意义上,他称自己的理论为"宇宙的宗教",其使命在于探索"自然界里和思维世界里所显示出来的崇高庄严和不可思议的秩序"。①

第二节　如何理解科学与宗教之间的复杂关系

科学与宗教之间并不是简单的对立关系,也不是简单地在某一时代科学从属于宗教或者另一时代宗教又屈尊于科学,两者之间的关系是非常复杂的。那么,该如何从深层次的理论维度上理解两者关系的这种复杂性呢?

一、终极信仰上的一致?

该如何解释科学与宗教的这种矛盾? 在传统的西方社会中,科学家从小成长和接受教育的社会大环境就是一个宗教世界,宗教思想已经深深地植入到人们的生活和思想之中。而且,即便是宗教神学,它们也产生出了自己的一套自然哲学体系,这种哲学宣称,整个宇宙是由上帝创造的,世界的基本原理对于人来说,也是能够理解的,因此,理解自然的基本原理也就是理解上帝。天主教强调自然界的理性原则与上帝存在之间的一致性,这是十五六世纪的一个常识性观点。因此,从文艺复兴时期开始,科学家们所面临的任务就是调和与融会天主教教义和希腊人的数学自然观。其解决办法是,主张宇宙是上帝按照和谐的数学定律设计和创造出来的,而且这种设计和创造的理性原则能够为人们所理解。也就是说,上帝成为了一个至高无上的数学家,这就使得对大自然数学定律的探索活动成为了一种合法的宗教信仰活动,对自然的研究,也就成为了对上帝的语言、意志和设计方案的研究。哥白尼、开普勒、伽利略、笛卡尔、莱

---

　　① 爱因斯坦:《爱因斯坦文集》(第 3 卷),许良英、赵中立、张宣三编译,商务印书馆 1979 年版,第 182—183、379 页。

布尼茨和牛顿都多次谈到上帝通过数学方案赋予宇宙以和谐的秩序,数学知识本身就是宇宙的真理,就像是《圣经》中的文字一样神圣不可侵犯,甚至由于它的确定性、无可非议性,它还要高于《圣经》的文字。开普勒甚至认为自己对科学的研究,就是在为上帝谱写赞歌。李约瑟在谈及西方科学的基础时提及,西方科学的诞生需要有一个独立的自然法则为基础,这一法则的核心就是上帝按照数学规律设计世界。

> 在西方文明中,(法理意义上的)自然法的观念和(自然科学意义上的)自然法则的观念,可以追溯到一个共同的根源。无疑,西方文明中最古老的观念之一就是,正如人间帝王的立法者们制定了成文法为人们所遵守那样,天上至高的、有理性的造物主这位神明也制定了一系列为矿物、晶体、植物、动物和在自己轨道上运行的星辰所必须遵守的法则。[①]

普里戈金也表达出了类似的看法,"经典科学是在人和上帝的同盟所统治的文化中诞生的","基督的上帝实际是被召唤来为世界的可理解性提供基础的",因此,如果要给西方科学确定一个来源的话,那么,"它一定是来源于中世纪对于上帝理性的坚持,这个上帝被想象为具有耶和华的个人能力以及某位古希腊哲学家的理性。每个细节都被监督着和命令着:对自然进行探索的结果只能证明忠于理性的正确性"。[②] 英国数学家、哲学家怀特海也说过,近代科学的"基督发端"与古希腊的西方文明之间有某种基本的联系。上帝与自然的数学设计之间具有一致性,这种信念对于鼓舞近代科学奠基者们的"科学忠诚"来说是非常必要的。

这样,在终极信仰上,科学家确信上帝在构造宇宙时已经把数学规律放在其中,所以他们坚持寻找自然现象背后的数学规律,每一条自然规律的发现都被认为证明了上帝的智慧,而非研究者的个人臆造。数学家和科学家们的信仰与认知方式的结合是文艺复兴时代席卷整个欧洲的更大

---

① 李约瑟:《中国科学技术史》第二卷《科学思想史》,科学出版社、上海古籍出版社 1990 年版,第 551 页。

② 普里戈金、斯唐热:《从混沌到有序》,曾庆宏、沈小峰译,上海译文出版社 1987 年版,第 89、86—87、84 页。

文化现象的范式,古希腊的著作冲击了非常虔诚的基督教世界,结果使这两个世界的教义融为一体了。

二、方法上的冲突——自然主义方法论

从伽利略起,数学的性质发生了根本的变化。在伽利略时代,从数学和天文学中发展出来的新柏拉图思潮已经强有力地渗透到科学家的灵魂之中。为了避免同经院哲学的冲突,伽利略首先对"自然的数学"的本性做了一种自己的宗教解释:在上帝眼中,世界是人们只有通过辛勤的分析和论证才能达到的数学必然性。伽利略大胆地宣称,应按照科学的方法,即自然主义的方法论,而不是按照神学家的方法,即超自然主义的方法论,去解释自然。因为上帝已把自然变成了数学系统,他允许通过数学的方法去获得确定的自然知识。这比单纯的神学解读具有优势,因为神学家们在《圣经》解读上意见纷纭,不可能提出对于自然的确定性知识的成分依据。他曾引用神学家特图尔的格言以求得宗教的支持:"我们知道上帝首先是通过自然,然后才是通过启示。"[1]

这样,伽利略明确抛弃了经院哲学在说明现象时常常采用的终极因果概念,这是亚里士多德派的经院哲学家们用以分析地面运动或"局部"运动的方式。后者的分析旨在回答"为什么"运动而不是"怎么样"运动的问题,这种分析是按照任何给定的运动中所涉及的实体来进行的,因此其语言中常包含作用、激情、有效原因、目的和自然位置等超自然的含糊不清的词和短语。但就运动本身而论,它几乎不置一词,至多只是在自然运动和非自然运动、直线运动和圆周运动等之间做一些简单的区分。把"为什么"运动作为研究对象,这种涉及价值判断的研究只能凭借性质术语和名词短语展开。但对伽利略来说,"怎么样"运动才是科学分析的目标,这种分析是用严格的数学方法进行的。伽利略把自然科学的研究限制在描述事物是"怎么样"运动的数学关系上,至于这一关系后面的"为什么"的神秘原因,却交给了宗教神学去解释。这样就从认识论的角度实现了科学与宗教神学、科学与非科学的最初的分界。上帝被请到自然科学的后台。正如杜布斯所指出的那样:"首要问题是已经从'为什么'转变到'怎

---

[1] 　爱德文·阿瑟·伯特:《近代物理科学的形而上学基础》,第 69 页。

么样',为完成这个转变,伽利略转而求助对自然的数学描述。"①这是近代自然科学迈出的最关键也是最困难的一步,从此,在方法论上,科学脱离了宗教神学和形而上学,这才是近代自然科学的独立宣言,它使自然科学远离了经院派以人为中心的哲学。在伽利略看来,上帝把严格的数学必然性赋予自然后,就通过自然创造出人类的理解力,随后退出自然的舞台,让人类的理解力经过极大的努力后可以获悉自然的秘密。伽利略寻找的是自然现象之间的真实的数学关系,是要了解支配自然界变化运动的永恒规律,而不是存在于实在关系背后的超自然的神秘原因。而经院哲学家的主要兴趣则在超自然的终极因,他们认为地上的运动和天上的运动并不相似,它们不能用数学方法进行研究,而只能成为形而上学的一个分支。于是他们就借助于作用、动因、目的、自然位置与非自然位置等超自然的观念,从本质的角度去分析运动,就连哥白尼、开普勒也未能跳出这一窠臼。克莱因指出了伽利略工作的革命性意义:

> 近代科学成功的秘密,就在于在科学活动中选择了一个新的目标。这是由伽利略提出的、并为他的后继者们继续追求的新目标,就是寻求对科学现象进行独立于任何物理解释的定量的描述。如果把近代科学与以前的科学活动进行比较,那么我们将会更加懂得科学中这一新观念的革命意义。②

例如,一个球从某个人手中掉下,对这一简单情形,经院哲学家们会不断争论球落下的原因,而伽利略则认为科学家所要做的仅仅是描述出小球下落的数学定律。

为了做到这一点,伽利略着手将运动中能够测量的物质特性分离出来,然后将它们与数学定律联系在一起。伽利略从本体论上对世界上的两种东西进行了明确的区分:一种东西是绝对的、客观的、不变的和数学的,另一种东西是相对的、主观的、起伏不定且可以感觉到的。前者是神

---

① 埃伦·杜布斯:《文艺复兴时期的人与自然》,陆建华、刘源译,浙江人民出版社 1988 年版,第 145 页。

② M.克莱因:《西方文化中的数学》,张祖贵译,复旦大学出版社 2004 年版,第 184 页。

和人的知识王国,后者是意见和假象的王国。宇宙的实在性是几何的,自然的唯一根本特征是其数学特征,这是第一性的属性。伽利略对第二属性的断定至关重要:意见与假象王国的性质是第二性的,它们是主观的。伽利略说:

> 关于白或红,苦或甜,有声或无声,香或臭,我却不觉得我的心灵必须承认这些情况是与物体一定有关系的;如果感官不传达,也许推理和想象始终不会达到这些。所以我想物体方面的这些味、臭、色等等,好象真的存在于物体之中,其实只不过是名称而已,仅仅存在于有感觉的物体之中;因此,如果把动物拿走,一切这样的特性也就消除或消灭了……这些性质——比如说味道、气味、颜色等——被归咎于天生的躯体。[①]

伽利略对第一性质和第二性质的区分,在近代科学思想中产生了无法估量的影响,它实际上成为了整个近代自然科学的主导性原理之一。它把自然科学严格限制在第一属性的王国里,限制在对自然的数学解释的术语中,于是,伽利略式自然真理就存在于数学的事实之中,自然界中真实的和可理解的也只能是那些可测量并且是定量的东西。诸如颜色、声音之间的差别,在自然界中并不存在,是自然物在人们的感官上造成的假象,进而,人的感觉、情感乃至人的精神生活都被排除在这个所谓的真实的、基本的王国之外。自然界一方面站在它的造物主的对立面,另一方面又站在它的认识者的对立面。上帝和人都被认为是超自然的。显然,人的宗教感情世界是不适合于数学研究的,从而也就无法成为自然科学研究的对象。这样,科学与非科学的划界便从本体论的角度得以确立。这就是马克斯·韦伯所称的近代自然科学的"祛魅"运动。

对伽利略来说,其科学方法的第一步是给传统的模糊术语以精确的定义。在发展这种新术语时,他是较为谨慎的,首先接受日常用语的那些尚无含义的术语,如力、阻力、运动、速度、加速度等,然后采用数学家们已经熟悉的线、角、曲线、图形的概念赋予它们以精确的数学定义。在这些

---

① 爱德文·阿瑟·伯特:《近代物理科学的形而上学基础》,第72页。

新术语中,存在某些对近代科学的形而上学极重要的概念。例如,对"怎么样"运动的数学研究必然要把时间和空间的概念推到一种显著的地位。亚里士多德的物理学和经院哲学使用的是与定量方法相对立的定性方法,不仅使时间和空间变得极不重要,而且在亚里士多德的物理学的情形中,它至少还导致了一个定义,这个定义根本不符合柏拉图主义者和毕达哥拉斯主义者给出的更加适合于数学方法的定义。"在亚里士多德看来,就对象是延展的而言,空间不是支撑一切对象的东西,不是为它们所占据的东西;它是在任何对象和把该对象围起来的那些对象之间的界限。对象本身是一个性质实体,而不是一个几何物体。"①亚里士多德物理学的这一传统思路,只有伽利略的新科学才能将之克服。随着新柏拉图主义的复兴和哥白尼体系日益在天文学中占据主导地位,科学的具体进步在不断推进着这一思想的发展。物理空间被假设等同于几何王国,物理运动正在获得一种纯数学概念的特征。因此,在伽利略的自然哲学中,空间(或距离)和时间成为根本范畴。真实的世界不是一个色彩斑斓的世界,而是一个可以在数学上化简的、处于不断运动之中的世界,是一个可以在空间和时间上用数学加以描述的世界。从此以后,时间和空间在物理学中始终一直都占据基础的地位。正如科学史家丹皮尔指出的那样,"伽利略毕竟在数学的动力学方面迈出了最初的,也是最困难的一步,就是从经院哲学在分析变化和运动时所采用的模糊的目的论的范畴,跳到关于时间和空间的确定的数学观念。"②

总之,在伽利略看来,《圣经》和大自然是上帝向人类传达启示的两种方式,神学家承担起了解释《圣经》的职责,而科学家们则承担起了解释自然的任务。因此,科学家需要对《圣经》进行科学的解读,特别是其中涉及自然现象的经文,而科学的解释必须依靠自然的原因,这就是自然主义的科学方法论。任何利用超自然的原因去解释自然现象的,结果都不是科学,而是神学。

用自然主义的方法去研究自然,这就是上帝赋予科学家的神圣"天

---

①　爱德文·阿瑟·伯特:《近代物理科学的形而上学基础》,第 79 页。

②　W. C. 丹皮尔:《科学史及其与哲学和宗教的关系》,李珩译,商务印书馆 1997 年版,第 200 页。

职"。这种思想在 20 世纪美国著名科学社会学家默顿那里得到了进一步发挥。默顿在 1938 年发表的博士论文《17 世纪英格兰的科学技术与社会》中提出的一个命题,被称为"默顿命题",解释了 17 世纪英格兰科学技术繁荣发展的原因。默顿认为,正是由于受到清教伦理和功利价值观的影响,很多优秀青年投身于科学。在科学与宗教的关系问题上,默顿的基本观点是:从认知的角度看,宗教与科学是不相容的,但从文化的角度看,二者具有某种共性。其理由是:在文化价值观念上,宗教,确切地说是 17 世纪英国的清教,表现出了突出的向善性、功利性和理性等,而这些恰恰是科学所具有和所需要的价值观念。清教教义推崇个人奋斗,要求人们努力工作,这种世俗化的精神使科学融入自然主义,从而在方法上(而非终极信仰上)实现了科学与宗教的分家:科学家的职业活动和神圣天职,就是在现实世界中展现上帝创造自然的杰作。

当然,方法论的自然主义并不是否认上帝在创世中的作用,但那只是宗教问题,在本质上,科学是一种通过方法论自然主义的实践所形成的事业,神学在科学中并没有自己的位置。正如人们生病要去看病,他并不需要来自任何政治方面的忠告。医生可能有某种非常强烈的政治观念,但这些政治与其医疗无关。类似地,科学家可能具有非常强的宗教信仰,但就其具体的科学研究活动来说,神学是无关的,必须被排除。这是因为科学与宗教之间毕竟有着重大的不同,这种不同表现在以下方面。

1. 科学家和神学家的方法和论题是全然不同的

兰登·吉尔基曾列举了几个标准,以表明科学与宗教在研究方法上的差异:科学基于人类的观察和理性,而神学基于神性的启示;科学力图解释客观的、公共的、可重复的材料,宗教询问世界中存在的秩序和美,以及我们内心生活的经验(一方面如负罪、焦虑、无意义等,另一方面如宽恕、信任、完整感等);科学关注客观的、"怎么样"的问题,宗教则关心有关意义和目的以及关于自然与我们的起源和归宿等"为什么"的问题;科学的力量在于逻辑与经验的双重一致,宗教的权威则在于上帝与《圣经》;科学给出的定量性语言,可以由观察或实验所提供的经验数据进行检验,而宗教所使用的象征性、情感性语言,只能凭借人们的信念和感情而得到理解。[①]

---

① 伊安·巴伯:《当科学遇到宗教》,第 14 页。

宗教经验就是要超越物质的世界、矛盾的世界、可能的逻辑世界，上帝的存在就意味着要超越人类的智力，走向神启的世界。在宗教反思中，人类不可能经历，但能够学习万物，这是一种特殊的视角，没有观点的交流，只有"我"的存在，不是"我们"，信念是可能的，相互间的证实是不可能的，宗教信仰使人们趋向于世界的终极意义。而科学态度使人们趋向于一种对世界的操作性理解的可能性，这种理解依赖于对陈述的可靠性的相互间的检验。事实上，由宗教所倡导的生命的神圣领域是不能够通过科学的方法来把握的，因为科学最基本的原则是可检验性，科学的目的是建立在可证实的可靠性基础上的契合，人们所共同面对的自然界是科学能够研究的唯一世界。例如，在对待生命起源问题上，宗教会大胆地谈论起源的问题，因为其结论并不需要任何实验的检验，并且其形态是永恒的；而科学则要谨慎得多，生物进化论并不会在物种与宇宙起源问题上持一种永恒不变的观点，它需要不断地接受证据的检验。

2. 科学语言与宗教语言的功能不同

科学语言的功能主要在于预测和控制自然。理论是一件有用的工具，其用途在于总结数据，把可观察现象中的规则性联系起来，并产生技术方面的应用。科学对自然现象提出一些经过仔细限定的问题，它的语言一般只能在专业共同体内进行交流。我们不能指望它去做那些本不该它做的工作，比如提供一种完整的世界观，一种生活哲学，或一套伦理规范。

宗教语言的特征则在于，它为人们的现实存在设计了一种生活方式，引导人们形成特定的生活态度，并要求人们形成对这种生活方式和生活态度的忠诚。宗教语言的独特功能在于推荐一种生活方式，引出一系列态度，鼓励对特定道德准则的忠诚。宗教语言产生于宗教团体的礼仪和实践，它还表达并促成个人的宗教体验。宗教传统作为生活方式，主要是实践性的、规范性的。故事、仪式和宗教实践把个人约束在拥有共同的记忆、假设和生存策略的群体中。宗教的首要目标在于转变人。宗教文学作品广泛地谈到通过宽恕从罪中解脱，用信任代替焦虑，以及从破碎向完整转化等体验。东方的传统谈及人在平静、合一及开悟的体验中，从受苦和自我中心的状态中解放出来。显然，这些活动和体验与科学几乎没有什么关系。[1]

举例而言，科学和宗教在对待生活中的同一对象上，往往会使用不同的语言。以太阳为例，下述三种说法分别表明了科学、诗歌和宗教对这一概念的不同使用方式。

哥白尼：所有的球体都是围绕着作为太阳系中心的太阳旋转的，因此太阳是宇宙的中心；

莎士比亚：瞧，多么柔软！什么样的光线通过了那边的窗户？它是在东方，朱丽叶是太阳；

《圣经》：你，太阳，静止悬挂在吉比恩（巴勒斯坦古都，位于耶路撒冷西北）的上空，你，月亮，在亚雅仑的山谷中，这是上帝安排的神圣秩序。

因此，认清这两项事业各自的特质，并按照此特质来处理各自的事务，是避免两者冲突的有效策略，人们可以通过它们所提的问题、所涉及的领域及其所使用的方法来区分它们。如果它们分属两个管辖区域，那么它们就应该只管自己的事情，而不应该彼此干涉对方的事务。每一种探究方式都是选择性的，都有自己的限度。事实上，人们将科学与宗教分割开来的动机，并不仅仅是出于避免不必要之冲突的愿望，而且也是因为人们希望保持并忠实于每一种生活方式和思想领域的独特性。

然而，当宗教处于社会强势地位时，科学委身于宗教，从宗教中获得其合法性，这时宗教与科学能够和谐相处；但是当科学处于主导地位，而宗教又想要突破科学和现代世俗社会对其所加的限制时，冲突就不可避免了。例如，美国的法律规定了在公立中小学不能够讲授宗教，于是，不少宗教学说被迫改头换面，试图取得科学的地位进而以科学名义进行宣传，这一活动的结果就是 20 世纪进化论与创世论之间著名的三场争论。

第三节　创世论与进化论的世纪之争

创世论与进化论的世纪之争，成为 20 世纪科学与宗教关系的一个典型案例，进而也从这一侧面集中展现了当代科学与人文关系的某些特征。在 20 世纪的美国，进化论与创世论之间爆发过三次重大的冲突，这三场

---

　　[1]　伊安·巴伯：《当科学遇到宗教》，第 19—20 页。

冲突在世界范围内引起了巨大的反响,引起了法律、科学、教育、大众文化、传播媒介、政府等的广泛重视与讨论,对人类社会与文化产生了极深刻的影响。这三场论战是:(1) 20 世纪 20 年代的"猴子审判"案件,在这一案件中,创世论战胜了进化论,使进化论在美国某些公立中学丧失地位;(2) 20 世纪 80 年代在公立中学实施的"平等对待创世科学与进化论"法案,在这场论战中进化论战胜了创世论;(3) 20 世纪 80 年代末一直持续至今的"智慧设计理论与进化论"之争,这场论战至今还未定论。

一、"猴子审判"与"平等对待"法案

美国著名的科学哲学家、科学史家托马斯·库恩在其著作《科学革命的结构》一书中,描绘了科学的历史发展图景:旧有的科学理论化为灰烬,新的科学理论取而代之,科学经由革命而呈现断裂式发展。照此视角,在科学史中,至少有两个具有划时代意义的范式变化,即哥白尼的日心说和达尔文的生物进化论。这两个发现把人类的思想推进到了一个崭新的领域,同样也取代了旧有的根深蒂固的思想传统,它们明确推翻了诸多以圣经为基础的传统信念,是对基督教信仰的致命打击。事实上,在今天的西方社会,特别是在美国,基督教徒仍然视达尔文主义为威胁其信念的致命原因,仍试图采取各式各样的手段来对抗它。

17 世纪的罗马天主教迫使伽利略放弃对哥白尼学说的支持,让他声称太阳中心学说仅是一个假说,就像哥白尼学说的出版商所声称的那样,只不过是一个数学模式。基督教《圣经》明确声称上帝确立了地球的中心地位,它是永恒不动的。然而,一个世纪后,面对着大量的证据,神学家不得不放弃对哥白尼学说的拒斥。神学家被迫承认地球在事实上是围绕着太阳而转的,这也同时迫使神学家意识到《圣经》所说不能按字面的意思来进行理解。到了 19 世纪,教会的权威已经在欧洲逐渐弱化,因此达尔文并没有碰到伽利略的类似命运。达尔文在其辉煌的一生走完时,被安葬在威斯敏斯特教堂中牛顿的墓旁。不过,丹尼尔·丹尼特所说的"达尔文的危险思想",即人类与其他生物是通过纯粹的自然选择,来自较为简单的生命形式的思想,在那时很难被人们接受。时至今日,达尔文的思想仍然是引发科学与宗教冲突的根源。在 1896 年发表的著作《基督教世界中科学与宗教的战争史》中,美国康奈尔大学的首任校长安德烈·迪克森·怀

特描述了当达尔文理论出现时,科学与宗教之间爆发战争的情景。怀特记述了牛津的主教塞缪尔·威尔伯福斯与生物学家托马斯·赫胥黎之间那场著名的论战。威尔伯福斯认为自然选择理论无疑与圣经相矛盾,它否认了创造物与创造者之间的神创关系。有趣的是,威尔伯福斯采用了当时在神学家中普遍存在的一种相当简单的解释:达尔文进化论在上帝的世界中出现,不过是亚当堕落的表现。而科学家与无神者也回答得相当简单,他们认为自然已经取代了上帝。威尔伯福斯遭到了"达尔文的斗牛犬"赫胥黎有力的反驳。当威尔伯福斯声称他不是猴子的后代时,赫胥黎称,如果我不得不选择的话,我宁愿选择是一个低等猴子的后代,也不愿成为一位骗子的后代,因为他利用自己的知识与口才误导了那些把毕生精力奉献给真理事业的人。怀特引用了一位神学家的话,这位神学家对达尔文的思想感到相当悲哀:"如果达尔文的理论是正确的,那么《创世纪》就是在撒谎,这本书的整个框架就会破碎,上帝对人的启示,正如基督教徒们所理解的那样,只是一种幻想,一个陷阱。"①

在英国维多利亚女王时代,达尔文的进化论已经被英国的知识分子广泛接受,但主要还是在知识界的精英阶层,并未深入到公众的意识之中。人们不仅会在高级的神学院中听到创世论的声音,而且大部分公众还相信《圣经》中所描述的物种创造。随着新闻媒介关注到进化与公众信念之间的尖锐矛盾,从 1890 年起,创世论与进化论之争就进入了公众领域,并持续到现在。当然,在进化论内部,专业科学家们对自然选择的合理性是毫不怀疑的,他们的分歧仅在于进化论的某些细节内容,因此,对进化论的争议并没有发生在科学界,而是发生在政治与法律领域、新闻媒介、立法机关、学校董事会与法庭中,发生在非职业科学家与专业人士之间。

一旦进化论走出象牙塔,保守的宗教势力就强烈压制它,因为他们担心进化论会破坏圣经得以生存的社会网络。这些力量一直利用宗教来压制大众,为他们的神赋之力辩护。20 世纪 20 年代,俄克拉荷马州、田纳西州、密西西比州与阿肯色州从法律上禁止在公立学校中传授进化论。

---

① Andrew Dickson White, *A History of the Warfare of Science with Theology in Christendom* (Volume 1), New York: Cambridge University Press, 2009, p.71.

1925年,在田纳西州的代顿镇发生了著名的斯科普斯"猴子审判"事件,成为进化论与创世论之争的关键性事件。当时,一位名叫斯科普斯的高中教师试图向学生传授进化论。对他进行控诉的主要人物是一位著名的雄辩家威廉·詹宁斯·布赖恩,曾三次竞选美国总统的民主党候选人。为斯科普斯辩护的是著名的律师与自由思想家克拉伦斯·达罗。布赖恩争辩说,从民主的角度来看,几千名科学家不应该对四千万基督教徒指手画脚,告诉他们在学校应该讲授什么,因此他们并没有权利动用公共资源来讲授进化论。在当时的美国公众中,只有不到十分之一的人对达尔文进化论持同情态度。1925年7月,法庭对斯科普斯进行了审判,这场审判是斯科普斯的辩护律师克拉伦斯·达罗和原告威廉·詹宁斯·布赖恩之间激烈的公开对抗。最终结果是,斯科普斯被判有罪,并被罚了一点微不足道的罚金,但美国联邦高等法院最终在20世纪60年代推翻了对斯科普斯的判决,并依据美国联邦法律的第一修正案废除了有关禁止在公立中学传授进化论的州立法律。

到20世纪60年代,创世论与进化论之间的冲突再度爆发。这次创世论是以创世科学(creation science)的面貌出现的。新运动的领导者是一位水力工程师亨利·M.莫里斯。1961年,莫里斯与约翰·C.怀特柯姆出版了科学创世论的奠基性著作《创世纪大洪水》(*The Genesis Flood*),他们认为当前的宇宙源于一场世界范围内的大洪水,这场大洪水在一年内形成了所有的地层。这种创世论的模式一直持续至今。这给公众造成了一种印象,他们在进行科学研究,为《创世纪》中所描述的创世故事寻求各种所谓的科学证据,他们甚至发表和出版了大量的文章与书籍。1963年,莫里斯召集成立了创世研究学会(The Creation Research Society,简称为CRS),要求其成员必须是基督徒,并要签署一个认可《圣经》是真理的声明。创世研究学会纲领中的一条是,考察与探求诺亚方舟的故事以证明地球只不过是不久之前被神所创造的,这一核心任务尽管表面上似乎采取了科学的方法,但从根本上而言还是一种宗教的宣称。除此之外,他们出版了一份名为《创世研究》的杂志,让创世论科学家能经过"同行评议"之后发表科学论文,当然这些同行评议的专家也都是一些创世论科学家。

1972年,创世论研究所在美国加州的圣地亚哥成立,莫里斯为其领导人,他为这一研究确立了非常明确的目的:研究所力图保证《圣经》的权威性,使《圣经》成为其研究的基础,让上帝言其所能言,并为上帝所言确立意义。在它的网站上,人们能够发现这样的声明:研究所被赋予了保卫基督教、反对进化论的人文主义无神论教条的重任;通过表明进化论在科学上的破产,同时提升基督教与《圣经》的地位,使基督教占领科学的要塞,推翻那些企图取代上帝之知识的所有事物,使每种思想都被统辖在上帝的意志之中。

相关统计表明,在科学的专业杂志中,人们并未发现创世科学的文章。对 68 种创世科学家可能投稿的杂志的研究表明,并无一篇文章与创世论研究所相关。在从 1980 年到 1983 年向这些杂志投稿的 135 000 篇文章中,只有 18 篇试图为创世论寻求经验或理论支持,但在编辑看来,这些文章似乎是外行人所做,并不是职业科学家所写。

20 世纪 80 年代,创世科学的另外一位代表人物吉什来回穿梭于大西洋与太平洋之间,在数百名甚至数千名听众中传播创世科学,这些讲座通常很少涉及复杂的科学内容。当进化论与创世论之间的论战日趋激烈时,他们时常借助大众的声音来为创世论造势。莫里斯与吉什领导下的创世论科学家的社会活动,最终导致了相关的立法活动。20 世纪 80 年代早期,美国的阿肯色州、路易斯安那州与其他一些州的地方学校的董事会提出了"双重模式"的提案,要求法律上平等对待创世论与进化论。这激起了进化论者迅速而又强烈的反对。美国公民自由联合会要求联邦法院推翻阿肯色州的"平等对待创世科学与进化论"的 590 法案,它组织了一个包括各种宗教团体如天主教、新教与犹太教等,著名科学家如哈佛大学的古生物学家学斯蒂芬·杰伊·古尔德、遗传学者弗朗西斯科·阿亚那与生物哲学家迈克尔·鲁斯等组成的强大的原告辩护阵营。1981 年12 月 7 日法庭在小石城区开庭审判,主审法官是奥佛通,审判时间持续两周。1982 年 1 月 5 日,法官奥佛通做出了对阿肯色州不利的判决,推翻了 590 法案。奥佛通的判决建立在大量先前案件的基础之上,包括1971 年的莱蒙与库尔茨曼诉讼案,这一案件提出了对创世科学的三个检验标准,以确定它是否违反了美国宪法的第一修正案,即国家与宗教分离的法律条款。这三个标准是:首先,法律的立法目的必须是世俗的;其次,对法律而言,其最主要或最重要的效果是不能推进也不能禁止宗教;最后,法律也不能鼓励政府介入宗教。

法官奥佛通宣布,这一案件的宗教目的是非常明显的,他将这一案件等同于宗教的十字军东侵,而且当事人还试图隐瞒这一真相。最终的判决是,590 法案的目的是在公立中学推行宗教,因而违反了美国宪法的第一修正案。

二、智慧设计理论与进化论之争

2002 年月 10 月 10 日,美国最重要的科学协会之一科学促进会的全体成员通过了一个决议,明确反对所谓"智慧设计理论"(Intelligent Design Theory,简称为 ID 理论)。这一理论认为生命起源于某种智慧的设计,它避开了传统创世论所采用的"上帝""神""创世"等引人注意的术语,目的在于企图绕开法官奥佛通推翻阿肯色州 590 法案所依据的法律禁令。

这一决议可以概括为以下几点:(1)当代生物进化论是科学研究最富创造力的产物。它不仅是许多生物学领域的基础,同样还是科学教育的最基本因素,在当今的高科技世界中,为了成为具有智慧与社会责任感的市民,人们必须把握当代科学关键的理论,对经验证据给予足够的重视。(2)在过去几年中,所谓 ID 的倡导者一直在挑战生物进化的科学理论。这种挑战的一个重要组成部分就是试图把 ID 引入公立学校的科学教育之中,与进化论同等对待,并认为比起科学上公认的进化论来说,它更能够说明生物机体的多样性起源。在反驳这种企图时,众多科学家与科学哲学家对 ID 提出了批评,表明了其内容中的概念性错误,并认为它缺乏具有说服力的证据,且对科学事实进行了歪曲性的错误表达。(3)ID 运动不能够提供充分的科学证据以支持他们对进化论的诋毁,ID 运动同样没有提供检验其断言的科学手段,它缺乏科学证据,这使得它不可能作为科学教育的一部分。科学促进会强烈要求其所有的成员反对把 ID 确立为科学教育课程的政治议程。科学促进会号召其成员反对那些歪曲科学本性、曲解当代生物进化论,并把 ID 作为科学教育主题的不恰当做法,因为所有这一切都是蔑视当代科学教育政策的活动,同时还号召其他相关组织开展类似的活动。① （4）科学促进会还焦虑地指出，许多科学家忽视了这种创世论的存在，认为创世论与他们的工作无关，但他们的这种漠然已经暗中助长了创世论者的挑战，即便这种挑战是短暂的，但仍然会产生长期的负面效应。

ID 理论是 20 世纪末创世论的最新版本。这一理论认为复杂的、具有丰富信息的生物结构不能够借助于自然的力量，而只有借助于某种超自然的智慧力量才能显现。ID 运动在 20 世纪 90 年代由加州大学伯克利分校的一位法学教授菲利普·约翰逊发起，其研究中心为"科学与文化复兴中心"（Center for the Renewal of Science and Culture，简称 CRSC），该中心隶属于华盛顿州西雅图市的非官方研究机构"发现研究所"。ID 理论试图统一各式各样的创世论，要求放弃内部的差异，在"创世"或"设计"的口号下来对抗他们共同的敌人——进化论。从 20 世纪 90 年代开始，ID 运动成为创世论的代表，开始领导反进化论的斗争。

科学促进会主席拉文指出：

> ID 运动认为随机突变与自然选择不能够说明生命形式的多样性或复杂性，这些事物只能根据超自然的力量来得到说明，这是一个有趣的哲学与神学观念，某些人对此已经有强烈的同情。不幸的是，某些人提出这种观点，意在取代生物进化论。ID 运动迄今为止并未得到同行评论的支持与公开的证据支撑。②

物理学家特雷弗·斯托克斯称其为穿着奇异外衣的传统创世论。

（一）ID 运动

按照美国哲学家、反对 ID 运动的主要领导者之一的富瑞斯特的说法，这一运动并不是出自科学的困境，而是出自约翰逊离婚后的个人困惑，这场失败的婚姻使约翰逊笃信基督教有关再生的宗教信念。因此，在

---

① AAAS Board, "AAAS Board Resolution on Intelligent Design Theory", 2002. 参见 http://www.aaas.org/news/releases/2002/1106id2.shtml.

② AAAS Board, "Resolution Urges Opposition to 'Intelligent Design' Theory in U.S. Science Classes". 参见 http://www.aaas.org/news/releases/2002/1106id.shtml.

某种意义上,ID运动是约翰逊生活中宗教皈依的一个副产品。在约翰逊自己的解释中,他说:"婚姻与家庭生活对我来说已经破碎,虽获得了某种学术上的成功,但结果却是一种无意义的生活,使得我……在精力充沛的38岁把自己献给基督,唤起了我特殊的智力兴趣,以研究为什么知识世界总是被自然主义与不可知论的思想所统治。"[①]约翰逊的一位同事南希·皮尔西也说过:"菲利普·约翰逊在政治上领导、铸造了这场运动,提出了他所谓的ID运动。约翰逊是加州大学伯克利分校的一位法学教授,他之所以这样做,是由于受其失败的婚姻所刺激,他在中年皈依了基督教。"[②]

约翰逊在1991年发表了他的著作《审判达尔文》,拉开了ID运动的序幕。1999年CRSC发表了其斗争纲领:

> 这种唯物主义在文化上成功的后果是很具破坏性的。唯物主义否认客观的道德标准的存在,声称环境规定着我们的行为与信念。这种道德相对主义被众多社会科学毫无批判性地采用,它仍是众多的现代经济、政治科学、心理学与社会学的基础。通过断言人类的思想与行为受控于我们的生物学环境,唯物主义同样破坏了个人的责任。这种结果表现在现代的犯罪审判、对产品质量的监管与福利方面。在这些社会事物的唯物主义框架内,所有人都是受害者,没有一个人能为他或她的行为负应有的责任。CRSC的目的就是要努力推翻这种唯物主义及其遗产,其探索的中心是想表明在生物学、物理学与认知科学中的新发展是如何挑战科学唯物主义的,它们已经重新打开了对自然进行有神论理解的大门。研究中心鼓励其成员进行原创性研究,召开会议,鼓励他们成为唯物主义之后的生活前景的信念制

---

① Stephen Goode, "Johnson Challenges Advocates of Evolution", *Insight on the News*, October 25, 1999. 参见 http://www.arn.org/docs/johnson/insightprofile1099.htm.

② Nancy Pearcey, "Wedge Issues: An Intelligent Discussion with Intelligent Design's Designer", *World*, July 29, 2000. 参见 http://www.worldmag.com/world/issue/07-29-00/closing_2.asp.

定者。①

长期以来,创世论主要是通过口头或小册子等在有限的地域(如教堂)内进行传播。然而,ID运动则利用电视、收音机、录像带、因特网等现代科技手段来进行大肆渲染。人们可以自信地说,创世论在高等教育机构中的影响甚微,因为其主要传播渠道是教堂中牧师的布道,而如今 ID运动的某些成员已经在大学或学院中获得了重要位置,并领导了对进化论的批判和攻击事业。他们的学术资格与社会资源使他们很容易进入广泛的公众论坛。进入高等院校被视为他们获得新起点的标志,这就是创世论介入主流学术界的楔入(wedge)策略。约翰逊宣称:

> 20世纪,基督教一直扮演着防御性角色……为保卫他们的所有,为尽可能保卫他们所能够做的,他们现在已经展开了一场进攻性战役……我们并不是要求扭转潮流,我们所能做的是一些完全不同的事情。我们试图进入敌人的领域,攻入他们的核心,引爆他们的军火库。在这一隐喻中,他们的军火库是什么,那就是他们对创世的偏见。
>
> 如果我们能够理解当下的时代,我们将会明了,我们所应做的就是通过挑战在心灵世界中的自然主义与唯物主义的统治来承认上帝的世界。依靠许多的朋友,我已经提出了一种从事这项工作的策略……我们称之为"楔入"。②

在这段话中,约翰逊描述了推进ID运动的楔入策略。在其著作《通过开放心智来战胜达尔文主义》(*Defeating Darwinism by Opening Minds*)中,约翰逊公开谈论楔入策略,用楔子先打开一小洞,然后再劈开一块巨大的木头,"我们称自己的策略为'楔入'。一块巨大的木头像是一个固体,但一个楔子最终能够插入裂缝,逐渐把它撕开,最后把它劈开。

---

① Center for the Renewal of Science and Culture, "The Wedge Strategy". 参见 http://www.humanist.net/skeptical/Wedge.html.

② Phillip E. Johnson, at a meeting of the National Religious Broadcasters in Anaheim, California, February 6, 2000.

在这种情形中,科学唯物主义(ID 运动的成员常称之为自然主义)的意识形态显然就是这块顽固的木头。"①

ID 楔入活动的计划包括三个步骤。第一步是设立研究项目,其中包括古生物学专项研究项目、分子生物学专项研究项目、个人研究基金项目。第二步是制造舆论,其中包括宣传书籍、召开学术交流会、组织教学讲座、制订教师训练计划、发表社论、利用美国公共广播公司或电视媒体、散发宣传材料与出版著作。第三步是进行文化上的对抗与复兴,其中包括:(1)召开针对科学唯物主义的挑战会议;(2)设立社会科学研究基金项目,转向社会科学与人文科学领域;(3)为进入中学课堂扫除可能的法律障碍。

三个重要的赞助机构为 CRSC 提供了大量的研究基金。据估计,到 2000 年为止,这一中心接受的相关赞助已经超过了 100 万美元。菲尔德斯坦德公司从 1988 年夏开始增加对发现研究所的资助,决定此后每年资助 30 万美元;1999 年美国麦克里兰基金会为其提供了 40 万美元的资助,美国扶轮基金会同意在 1999 年至 2003 年的 5 年间每年向该研究所提供 20 万美元的资助。② 按照拉里·维萨姆在《华盛顿时报》上的说法,上述三项基金都具有"基督教背景"。ID 运动的主席布鲁斯·查普曼认可了这种支持,"我们不再为研究基金而担忧。我们认为某些思想注定会改变知识界(将来的政治),否则菲尔德斯坦德公司、麦克里兰基金会、美国扶轮基金会就不会给我们这样充足的基金。"③

到了 2000 年,随着其纲领在楔入文献中被阐明,并获得了充分的基金保证,这些策略开始实施了,并取得了良好的发展势头。CRSC 最初只有 4 位研究人员,到目前它已经有 41 位成员,其中 13 位具有高级职称。随着 1999 年 10 月由 CRSC 成员邓伯斯基与布鲁斯·戈登领导在美国贝勒大学成立了迈克尔·波兰尼研究中心,ID 运动楔入科学的程度也越来

---

① Phillip E. Johnson, *Defeating Darwinism by Opening Minds*, Downers Grove: Inter-Varsity Press, 1997, pp.91-92.

② "Major Grants Increase Programs, Nearly Double Discovery Budget", *Discovery Institute Journal*, 1999. 参见 http://www.discovery.org/w3/discovery.org/journal/1999/grants.html.

③ Bruce Chapman, "Ideas Whose Time Is Coming", *Discovery Institute Journal*, summer 1996. 参见 http://www.discovery.org/w3/discovery.org/journal/president.html.

越深。

然而,富瑞斯特利用统计的方法研究了1997年以来学术刊物上的文献,发现并不存在作为生物学理论的ID的论文。他们在BIOSIS与医学文献库中,输入关键词"智慧设计",搜索到4篇文章,只有一篇是关于ID运动的,而且是沙克斯·乔普林发表在《科学哲学》上批判ID理论的文章;输入关键词"设计理论",BIOSIS出现了16篇文章,也并无一篇与ID创世论相关。在联机医学文献分析和检索系统中,输入关键词"智慧设计"与"设计理论",出现了14篇文章,同样没有论文与ID相关。在SciSearch以"智慧设计"为关键词,搜索到61篇文章,除4篇外,所有文章都是有关工业技术、工程、计算机、造船等领域的。就在这仅有的4篇中,其中两篇是有关生物学理论的智慧设计的,即上文所提及的沙克斯·乔普林的批评文章与本赫的反驳文章。另两篇是在《地质时代》杂志中的标题为《智慧设计》与在《技术评论》中的题为《重审智慧设计理论》的文章,它们也都没有把ID明确地视为一种生物学理论。

因此,富瑞斯特总结道:

> 这种分析表明ID楔入主流科学的运动在其最重要的目标上失败了:智慧设计创世论的科学知识是相当缺乏的,其在相关的科学杂志上发表的论文也屈指可数。因此……CRSC的成员都没有研究出能够支持智慧设计理论的科学证据……在其企图从策略上楔入主流科学的所有活动中,CRSC的工作完全失败了。[①]

尽管楔入策略的第一阶段即研究阶段没有成功,ID理论家却提前开始其第二阶段"制造舆论"与第三阶段"文化对抗与复兴"计划。他们赞助"制造舆论"的会议与护教论坛,出版书籍与社论,为教师出版教材以传播他们的思想。他们建立起与媒体如《华盛顿时报》的联系,另外也还有其他保守报纸与杂志定期支持他们,他们到美国各层次的立法机构与教育

---

① Babara Forrest, "The Wedge at Work", in: Robert T. Pennock ed., *Intelligent Design Creationism and Its Critics*, Cambridge: MIT Press, 2001, p.32.

委员会进行游说。2000 年 3 月 10 日,CRSC 安排其几位关键成员给国会呈交了一份"ID 的科学证据及其对公共政策与教育的意义"的简报。这份简报得到了时任众议院法律委员会主席查尔斯·坎迪、参议员萨姆·布朗贝克、众议院科学委员会成员罗斯科·巴特利特与希拉·杰克逊-李、众议院教育委员会成员马克·桑德与众议员托马斯·彼特里的支持。

1996 年 11 月,约翰逊与其助手在美国加州的基督教大学拜欧拉大学召开了"只有创世"的会议。此次会议的论文集标题为《只有创世:科学、信仰与智慧设计》,其序言的作者美国佐治亚州立大学的化学家亨利·查夫明确指出了这次会议的目标:为那些拒绝把唯物主义作为科学研究基础的科学家与学者聚集在一起提供了机会,使他们在 ID 的框架中寻求一种统一的创世论,为 ID 在美国的组织发展奠定基础。① 正如斯科特·斯万森为《今日基督教》杂志撰写的会议报道中所说:"ID 的支持者的第一次主要聚会出现在美国加州的基督教大学拜欧拉大学的 11 月的会议上……正如这次会议所预期的那样,ID 正在获得大量的追随者,有超过 160 个学术团体,来自 98 个大学、学院与组织的人出席了这次会议。"②

为了把 ID 引入公立学校的课堂,CRSC 采取了一些企图消除相关法律障碍的行动。美国华盛顿州贡萨贾大学的法律学教授、CRSC 高级研究员戴维·狄沃尔夫,惠特沃思学院的哲学教授迈耶,以及马克·狄富雷斯特(并不是 CRSC 成员)共同出版了《在公立学校科学课程中的 ID:一种法律上的指南》(1999)一书。在其科学教育的网站上,CRSC 声称:"我们的课程将会在法律上获得在公立学校中进行讲授的权利……不要再恫吓与压制课堂的改革。"③这种做法试图从法律上改变公众与颇具影响力的政策制定者对科学的评价途径,对他们楔入教育领域的策略是很重要的。

2004 年 10 月,美国多佛地区教育委员会提出一个法案,要求"学生

① Henry F. Schaefer Ⅲ, "Foreword", in: William A. Dembski ed., *Mere Creation: Science, Faith and Intelligent Design*, Downers Grove: InterVarsity Press, 1998, p.9.

② Scott Swanson, "Debunking Darwin?", *Christianity Today*, January 6, 1997. 参见 http://www.christianityonline.com/ct/7t1/7t1064.html.

③ http://www.discovery.org/crsc/scied/present/topics/political.htm.

要对达尔文理论中的问题有清晰的认识,对其他的进化理论包括智慧创世理论也同样需要了解"。2004 年 11 月,该委员会要求,当教师在 9 年级的科学课程上讲授进化论时,必须向学生宣读一项大约 1 分钟的声明:进化论并不是一个"科学事实","智慧设计理论"是一种不同于达尔文的生命起源理论的解释。11 位来自宾州多佛地区的学生家长对这个要求提起控诉,从而导致了金兹米勒等人状告多佛地区教育委员会等的一场团体案。这是一场美国联邦法庭关于在公立学校课程中声明"智慧设计"能够替代"进化解释物种起源"的诉讼案件。原告成功地指证"智慧设计理论"为创世论的一种形式,多佛地区教育委员会的政策违反了美国宪法第一修正案中的禁止设置条款。法官的判决激起了支持者与反对者的激烈反应。由于此案涉及一本名为《关于熊猫与人》(*Of Panda and People*)的书籍,所以这场官司又被称为"熊猫审判"(Panda Trial),与 1925年的那场斯科普斯案的"猴子审判"相呼应。原告代表是美国公民自由联盟、美国政教分离联合会、国家科学教育中心以及贝博·汉弥尔顿律师事务所,被告代表是汤玛斯·摩尔法律中心。原本出版《关于熊猫与人》的道德与思想基金会也想加入被告行列,但后来被拒绝。2005 年 12 月 20日,法官琼斯发布共 139 页的事实认定书并进行判决。判决结果是多佛学区代表违反宪法,并禁止多佛学区在公立学校的科学课程中教授智慧设计,琼斯的最后判决如下:

> 那些投票给智慧设计政策的委员会成员,恶劣对待了多佛地区的公民。具有讽刺意味的是,其中几位成员已经公开表明他们对自己的宗教信念的坚定信仰,并为此颇感骄傲,却又多次说谎企图掩盖他们的行为,并掩饰在智慧设计政策背后的真实目的……我们今天的结论是,在公立学校的科学课程中教授智慧设计以取代进化论,违反了宪法……①

---

① *Kitzmiller et al. v. Dover Area School District.* 2005. Memorandum Opinion. 参见 http://en.wikisource.org/wiki/Kitzmiller_v._Dover_Area_School_District/6: Curriculum,_Conclusion#Page_132_of_139.

随着法官琼斯的判决,ID运动楔入公立中学教育的企图在制度上宣告破产,然而这并不意味着ID理论与进化论的冲突从此终结。ID运动的产生无疑具有很复杂的社会与文化背景,但这和科学哲学后期相对主义的泛滥有着密切的关联。

(二) 对 ID 运动的理论反思

方法论的自然主义者通常假定世界是依据自然规律运行的,人们可以根据自然规律来理解这一世界,这种理解无须涉及诸如上帝之类的超自然力量。是否存在超自然力量所干预意义上的自然,并不是方法论自然主义所考虑的问题。于是,在科学哲学中,方法论自然主义的一个重要结果就是科学划界问题,他们想在科学与宗教之间筑起一堵坚实的分界墙。几个世纪以来,科学哲学家在科学与非科学的分界问题上消耗了大量的精力,试图在科学与非科学之间划一条充分且必要的界线,然而所有的努力都未取得成功。受英美分析哲学的影响,逻辑经验主义仅关注一般的科学方法,试图利用证实或证伪来区分科学与非科学。科学哲学的一般方法本身就是一种概念分析,时常伴随着在形式语言、符号逻辑中的方法与理论的重构。科学史大部分是认知史,关注科学理论本身的逻辑发展。当然,随着科学哲学自身的发展,也出现了各种难以解决的理论难题,开始威胁到这种寻求普遍科学方法论的努力:如汉森的观察依赖理论的论题、奎因的证据对理论的不充分决定性的论题等。但是,尽管科学哲学家们承认上述命题的合理性,也承认这些命题对传统科学哲学主张的威胁,但他们普遍认为这些命题仍然是可以超越或者避免的。然而,库恩《科学革命的结构》一书的发表彻底打破了逻辑经验主义的幻想。尽管库恩宣称,他本人并不打算从根本上摧毁科学是一项理性的事业这类断言,但是,《科学革命的结构》的许多读者常常忽略其中许多微妙和模棱两可的思想,他们只听到库恩的一个声音:科学不是通过积累得到很好确证的真理,甚至不是通过抛弃已经被证伪的谬误,而是通过在一次次灾变过程中的革命性巨变而"进步"的。于是,科学史此后就由获胜的一方来书写;不存在关于证据的客观性标准,只有属于不同范式的不可通约的标准;科学革命的成功,与政治革命的成功一样,靠的是宣传、修辞与对资源的控制;科学家转而忠实于一个新的范式,这种转变不是一种理性的心灵改变,而是一次宗教皈依,在皈依之后,他们眼中的世界完全发生了改变,几乎可以说,他们生活在了"一个不同的世界"里。在库恩的影响下,科学哲学开始发生"社会学转向",这一转向的结果就是社会建构主义的出现。社会建构主义认为科学在很大程度上或在整体上是社会利益、谈判协商的结果,或者是制造神话、生产记叙性铭文的事情;诉诸"事实""证据"或"合理性"只不过是意识形态的谎言,意在掩盖对某些群体的压迫。根据这种新的正统看法,科学不仅没有任何特殊的认识论权威,也没有任何独特的理性方法,它像所有受目的驱使的探究一样,仅仅是一门政治学。结果便是,20世纪70年代以来,当科学家与许多科学哲学家还保持着科学的客观主义立场时,许多科学史家与几乎所有的科学社会学家都采取了具有建构主义色彩的立场。同时,最令科学哲学家感到困惑的是,过去20多年来STS的发展几乎一直都是社会建构主义的天下。

社会建构主义带有强烈的相对主义色彩,它直接为创世论以科学的名义出现提供了一个契机,并构成了创世科学的理论基础。创世论者认为,科学属于范式,如果自然科学是科学家共同体的范式,那么创世科学则是圣经基要主义者宗派的范式,两者之间不仅是不可通约的,而且还具有同等的地位与同等的权利。进化论与创世论起始于意义完全不同的前提,都说出了自己独特的科学范式,接受了不同的基本价值与信念,建构了相互冲突的世界观,科学与宗教之争因此成为一场争夺自由社会中的文化权威之战,谁获胜,谁就会主导社会与文化。总之,在社会建构主义看来,这不是事实与错误之争,而是基于不同的世界观的社会文化之争。

在社会建构主义的开拓性著作《知识和社会意象》一书中,布鲁尔要求对称性地对待科学与宗教。布鲁尔指出:

难道用某种宗教隐喻来具体说明科学不令人感到不可思议吗?难道它们不都是一些中立的原则吗?看来,这种隐喻既不合适,又具有攻击性。那些在科学中发现这种知识典型的人,都不可能承认宗教具有同样的有效性。因而我们可以料想他们会以厌恶的态度来看待这种比较。这种反应有可能忽视某种观点,后者的目的在于对社会生活的两个领域进行比较,并且指出同样的原则在这两个领域中都发挥着作用。这种目的既不是贬低其中的一方或者另一方,也不是使这两个领域中的实践者陷入困境。宗教行为是以对神圣领域和世俗领域的区分为中心确立下来的,而对这种区分的种种表现则与人们经常针对科学而采取的立场相似。这种接触点意味着,也许有关宗教的其他真知灼见也是可以运用的。①

因此,布鲁尔坚持用对称性原则来研究宗教与科学之间的关系。也就是说,无须涉及自然,只须研究科学与宗教之间论战的社会原因,就可以揭示出这种论战的本质。其中,建立在信仰的基础之上的谈判与修辞话语,作为社会象征的权力运作,还有社会利益的导向,在定义科学陈述与宗教陈述的真理性问题上都扮演着关键角色。

由此,在《审判达尔文》一书中,约翰逊也把这场争论定位在世界观层面上,他把进化论与创世论之间的权威之争视为故事,认为两者之争是两种故事之争,双方都想抓住人们的心灵,意图表明善是什么,人们应该如何组织社会生活,人们在这种社会生活中又该负何种责任。两个故事已经说服了数千名听众,其中许多人不知疲倦地努力使他们的故事获得更为广泛的听众,对他人的生活产生更大的影响。每一个故事都反映出某些故事言说者的基本价值与信念,它们在事实上反映出隐藏在当前美国文化中更大规模的斗争:

　　科学的领导者认为他们自己被禁锢在反对宗教基要主义的殊死战斗之中,而基要主义这一标签,则很容易使人们相信一个创世者在世俗生活中扮演了一种积极角色。人们认为这些基要主义是对自由主义的威胁……作为科学自然主义的创世神话,(进化论)在反对基要主义的战斗中扮演着一种不可缺少的意识形态角色。②

在总结进化论与创世论之争的意义时,凯利·斯莫特说:

---

①　大卫·布鲁尔:《知识和社会意象》,第71页。
②　Phillip E. Johnson, *Darwin on Trial*, Washington, D. C.: Regnery Gateway, 1991, p.131.

　　创世论与进化论之争是发生在我们这一代人身上的一场论争,它是一场为争夺文化权力而进行的斗争。反复出现的创世论与进化论之争,对于何种观点能够成为真理,何种观点又是欺骗和诡辩,提出了许多非常重要的问题……我们的公立学校应该传授怀疑的批判精神,还是对其他理想的信任性忠诚? 当科学与宗教对某些特殊问题的回答相互冲突时,我们应该服从科学还是宗教? 或者说,我们是否应该试图表明两者的答案在不同的领域中具有不同的意义? 当我们在庆祝过去的伟大成就时,我们应该讲述作为英雄的科学家的故事,还是来自《圣经》的非凡的事件?[①]

本章小结

　　在西方的文化语境中,科学与宗教在终极信仰上是一致的,但在方法上是分离的。自然主义方法论把科学与宗教分为人类活动的两种不同的领域,科学研究自然,而宗教则管辖着人类的精神与道德生活。因此,科学与宗教的关系从事实与价值的层面上反映出"斯诺命题"的含义。如果一方想介入对方的领域,双方的冲突就会不可避免地爆发,20世纪爆发的科学与宗教的三次大冲突就根源于创世论想介入并取代进化论的企图。导致这种冲突的原因很多,其中学术界当前弥漫的后现代相对主义思潮尤其值得反思。方法论自然主义无法在科学与宗教之间立起一堵坚实的墙,而后现代相对主义却走向了另一荒谬的极端,关键问题在于两者都是脱离科学的具体实践去抽象地谈论科学与宗教的关系。因此要识别创世论的非科学特征,就必须把进化论的实践与创世科学的实践加以对比,识别出其非科学的真正面貌,这样才能真正实现科学与宗教的分界。

---

　　① Kary D. Smout, *Creation/Evolution Controversy: A Battle for Cultural Power*, Westport: Greenwood Publishing Group, Inc., 1998, p.186.

■ **思考题**

1. 有人认为,随着科学的进步,宗教迟早是要被淘汰的。你是否认可这一观点?并请阐述理由。

2. 历史上很多伟大的科学家,往往也是虔诚的宗教信徒,如何看待这一现象?

3. 以创世论和进化论的争论为例,分析一下当代科学与宗教关系的独特性。

■ **扩展阅读**

1. 伊安·巴伯. 当科学遇到宗教. 苏贤贵译. 三联书店,2004.

2. 弗兰西斯·柯林斯. 上帝的语言. 杨新平,等译. 海南出版社,2010.

3. 蔡仲. 宗教与科学. 译林出版社,2009.

第六章　两种文化：冲突与融合

科学文化与人文文化的分裂，既是一个现实问题，也是一个理论问题，但最终还是一个现实问题。说其为现实问题，是因为分裂既已存在，就不能否认；说其为理论问题，是因为这一现实问题的解决仍然需要深刻的理论反思。说其最终还是一个现实问题，并不是说理论反思无关紧要，而是说，理论的反思最终还需有助于实践的推进。本章主要考察两种文化分裂的哲学根基与出路。

第一节　科学：从表征走向实践

两种文化之所以会分裂，在于人们以科学的成果取代了科学本身，以对科学方法的逻辑反思取代了科学研究的具体过程，以既成的科学取代了行动中的科学。于是，科学成为了一种完全逻辑化、理性化、规范化的知识，但这种知识的制造过程就成为了黑箱，进而，科学的支持者们所做的就是为这一黑箱寻求某种认识论的根基，而反对者，或者用一个弱化的词，反思者们所做的就是打破这一根基，挖掘黑箱背后的政治、文化或意识形态根基。

一、作为知识的科学

在对科学的各种定义中，普遍共同之处就在于科学被视为一种知识或表征。而这种以最终产物面目现身的科学，在一定意义上限定了人们对科学进行元反思时的学科范围，使得人们不自觉地放弃了对科学实践的关注，而对作为知识之科学的两种处理办法则进而导致了自然科学家与社会科学家之间的分裂，导致了科学与人文之间的分离。

当科学家们在思考科学时，他们更多会讨论科学的概念内涵，但并不会关注这些概念内涵是如何形成的；讨论科学的可靠性，但并不关心科学可靠性概念的历史演变；关心科学的根基，但却并不关心这种根基的时代特征；关心科学研究的方法及其所表现出来的理性秩序，却回避科学实践中展现出来的无序与复杂。于是，科学成为了理性的化身，成为了反对伪科学、反对非理性主义的终极依据。科学卫士们正是基于这样一种科学观，才对后现代主义 STS 发起学术反击的。

当社会科学家们特别是后现代主义者们在反思科学时，他们更多地讨论科学概念的社会内涵，却忽视了它自身的逻辑；关注科学可靠性、客观性的社会基础，却无视可靠性、客观性的经验证据支持；赋予科学的根基以多变的时代特征，却忽视了这种根基的自然基础；强调科学方法的历史特色与社会根基，却忽视了与其他文化领域相比时，这些方法的独特性。于是，科学成为了社会的俘虏，成为了社会利益集团实现自身利益诉求、排斥异己的工具，甚至被视为性别统治与殖民控制的手段。正是出于对科学的意识形态化与社会利益化的反对，科学卫士们才忍无可忍。

两种文化真的分裂了。斯诺看到了两种思维方式之间的差异，看到了两大群体之间的隔阂与敌意。尽管有人对"斯诺命题"持保留态度，但在"科学大战"与中国的"科玄论战"中，这种隔阂与敌意真正表现出来了。实际上，思维方式的差异确实存在，两大共同体的团体文化确实有差异，但这种差异最终是以无视科学研究的现实过程为前提的。事实上，无论是科学共同体内部的科学捍卫者、共同体之外的科学信奉者，还是处于另外一端的科学批判者，他们所关注的都是被言说的科学，都是作为既成事实与结果的科学。只见结果的研究者，导致了只重结果的科学。当人们试图为科学的成果寻求某种辩护时，他们很自然地将目光投向了自然。但是，当观察渗透理论和证据对理论的非充分决定性、不可通约性等哲学命题使得证据对理论的支持无法充分达成时，人们便开始割裂观察与理论之间的关联，于是不可通约性成为了不同科学理论之间的关系特征，进而科学也就被安置在了相对主义的框架之中。这就是后现代主义者们所采取的立场。要改变这种立场，就需要从作为知识的科学向作为实践的科学转变。

作为实践的科学呼吁对科学采取一种全方位、多维度的审视和参与，要在参与中审视，在审视中参与，要在将参与科学实践的异质性要素概念化的基础上审视科学。于是，科学就成为了一个异质性的过程，科学的异质性要求科学过程的复杂性。科学不再独属于科学家，同样也不被科学哲学家和科学社会学家所独占，它属于参与科学实践过程的所有内生性要素。进而，科学所赋予我们的，不仅仅是科学哲学、科学社会学、科学文化学，还有科学经济学、科学政治学、科学美学、科学伦理学、科学教育学、科学管理学，诸如此类。这里必须强调一点，尽管可以从不同的视角对科学进行研究，但是这些研究都不是外在性的、旁观性的，而是参与性的、构成性的。

强纲领 SSK 把关注点从理论转向了实践，这是一种进步，但其实践概念非常淡薄，具有理想化和还原性的特征。把科学文化仅仅表现为单一的概念网络，把实践仅仅视为由利益引导的一个开放式终结的筑模过程，无法为现实的实验室科学所显现出的复杂性提供真正有意义的说明。SSK 所采取的纯粹的社会学框架，不能向我们提供把握行动中的科学之丰富性的概念工具，这种丰富性包括：仪器的建造，试验的计划、运行和解释，理论的说明以及与实验室管理部门、出版部门、基金提供部门的谈判等。把实践描述为开放的以及利益导向的，最多也就是捕获了问题的表面。SSK 的社会建构论主张遭到了许多科学家、哲学家、社会学家的激烈反对，20 世纪末的"科学大战"就是各种矛盾的一次集中爆发。这也促使强纲领 SSK 内部开始进行反思，从而引发了几场大的争论，包括本体论意义上的"认识论的鸡"之争和认识论意义上的"规则悖论"之争。在前一场争论中，柯林斯主张一种狭义对称性原则，坚持自然与社会之间的两分法，把决定力量赋予人类社会，自然、科学都要由社会所决定；拉图尔主张一种广义对称性原则，要求打破这种两分，把自然与社会视为具有同等地位、同等力量的行动者，它们组成了一个行动者的网络，共同参与了科学理论的建构。在后一场争论中，布鲁尔和林奇的根本分歧在于规则的解释活动能否与遵守规则的实践分开。布鲁尔认为社会规则在前，实践在后，社会规则决定实践；而林奇认为，规则与实践是不可分的，规则在实践中获得其意义，致因机制并不存在。在这几场争论中浮现出了一种不同于 SSK 的新研究取向，它主张从作为知识的科学到作为实践的科学的转变，这一研究取向可以统称为科学实践研究。实践研究与社会建构主义有着概念性的不同。从研究纲领上看，SSK 的最初目标是将科学（S）的知识内容（K）合法纳入社会研究（S）的范围，即要对科学知识的性质、建构和评价进行社会学的说明。而这种新的研究进路坚持作为实践与文化的科学,从总体上已经背离了早期的以强纲领为核心的社会建构。它取消 SSK 中的 K(Knowledge)和第一个 S(Sociology),只保留下了对科学实践的研究,一种新的综合正在科学的文化研究领域出现。

二、作为实践的科学

当今时代,对现代性的反思、生态问题、宗教与文化冲突等问题成为时代关注的焦点,因此,对与这些问题相呼应并互为支撑的传统科学观(通过科学研究探求永恒的自然规律,进而达到认识、控制和改变自然的目的)就需要进行深刻的反思和批判。科学实践哲学的研究为我们思考这一问题提供了一个很好的切入点。用作为实践和文化的科学取代作为知识和表征的科学,并相应地,用对科学的操作性语言描述取代对科学的表征性语言描述,对作为实践的科学本身所蕴含的开放性、异质性、情境性和动态性的强调,为我们从理论上和实践上展开对科学的更有价值和更为广泛的文化研究提供了一条有效途径。

作为实践的科学,主张对"行动中的科学"进行文化研究,在学术归属上,它强调一种多学科、跨学科的综合视角;在微观与宏观关系上,它强调经验性的实证研究与一般知识社会学的结合;在对科学的文化刻画上,则努力实现文化的断面描摹与时间转换之间的内在结合,实现共时性与历时性的统一。新近兴起的"赛博科学""赛博文化"的研究倾向,便是科学实践导向的一种学术努力,这项研究高度关注科学运行中的操作性、时间性和后人类主义维度。在哈拉维的《赛博宣言》中,赛博隐喻的基本观点是:人类力量与非人类力量之间,机器、仪器、技术以及相应的操作之间,人类约束与实践活动之间,社会力量活动的范围与关系之间等,在实践过程的循环往复中相互界定。对于哈拉维而言,文化(至少是后现代文化)是一种赛博形成,是"一个赛博有机体,是机器与有机体的杂合体……同时是动物又是机器"。赛博有机体生活在既非自然亦非人工的自然—人工世界。从"赛博科学"或"赛博文化"的视角来看,科学从其被制造出来之时,就是一个人类、自然、社会的共生体,进而,科学的进步性就是人类文化的进步性的一个维度,其进步方向与人类文化演化的方向一致,其内在性质也要在文化发展的历史情境中界定。

作为实践的科学拒绝承认永恒单一的科学本质的存在,相应地也拒绝所有的科学所追求的某种单一的本质性目标。皮克林总结过："说科学只是多种可能性之一并不是反对或谴责科学。然而，这的确是对置身于我们的本体论想象和广泛的实践之上的霸权的一种挑战。"①科学研究的实践、科学研究的产品以及科学研究的规范都是一个历史的变量，这些变量本身的异质性特征成为作为实践的科学的反本质主义的基础。

作为实践的科学拒绝对科学活动采取一种外在性的、一般性的、超越于科学活动之外的解释立场，它强调一种对科学的操作性描述，或者是一种参与性描述。对解释性立场的拒绝，也是它与以对科学的表征性描述为基础的社会建构理论之间的一个根本区别。科学的具体实践过程是具体的、丰富的，充满着各种细节和意义的瞬间，面对这种丰富性，解释性立场永远是滞后的、乏力的。在解释性的立场上，社会建构主义总是试图寻求某种基础性的解释因素作为科学知识的根基，但这种因果解释机制无法对科学实践的现实过程做出真实的说明。而科学的实践研究和文化研究则关注在社会建构主义视角下所忽视的现实与历史过程，更加关注科学是如何在一种异质性的文化实践中被建构起来的。在这种建构过程中，作为实践的科学强调复杂的科学仪器和特定的物质资源的重要性，强调针对仪器和物质资源的组织技术在塑造知识的意义中的作用，强调科学共同体的网络和相互交流在塑造所需要的语言和技术资源中的作用。

因此，作为实践的科学更加强调科学实践的开放性，反对传统科学观将科学视为一个相对自我封闭、同质性的、相对独立于社会其他部分的观点。在此基础上，它既不承认传统科学哲学所坚持的由理性捍卫、方法论标准维持、真理的实验检验为标准的科学，也不认可库恩所坚持的科学共同体在智识和规范上的自治所塑造的科学形象，更不接受强纲领SSK将科学理解为社会利益、社会相互作用的构造物。科学实践所具有的动态性和开放性展示的是不断打破界限和规范的科学图景，科学实践就是不断地去稳定的过程，有效地消除科学的内外界线以及科学与社会的界线的过程。

如果我们将对科学的关注点从知识转移到实践，会解决传统思路所无法解决的很多问题，如不管实在论和反实在论在本体论或是认识论上

---

① 安德鲁·皮克林：《实践的冲撞——时间、力量与科学》，第2页。

存在何种分歧，它们的共同之处都在于关注实体、状态、本质和永恒，都主张寻找某种外在于科学过程的基础作为科学合理性的根基，因而它们要么把科学的内容固定于与客体的联系，要么固定于某种形式的社会相互作用，而无论哪一种观点都无法得到合理辩护。而科学实践研究用操作性语言替代描述性语言，主张强调过程、多元、特质、时间性，进而主张用过程客观性取代传统的实体客观性，将纳入过程客观性的所有因素都视为可能的终结因素，在这个意义上，作为实践的科学为 STS 所展开的多元性研究的空间提供了客观的基础。

于是，科学的客观性就成为了实践的客观性，这种客观性与传统的作为知识的客观性有着根本的不同，它实现了客观性与相对性、历史性的统一。尽管客观主义（实在论）和相对主义（SSK）在科学过程的终结机制问题上持两极相反的观点，但他们分享了一个共同的前提，就是认为有一种外在的实体对终结负责，因而两者又是一致的。而冲撞理论则正好相反，它不用任何实体性的、恒久不变的东西来解释终结，它指向瞬时性扩展过程，指向物质力量与规训力量领域内机器的、概念的和社会的要素之间的周旋，指向文化要素和文化层面的稳定化与去稳定性的过程。由实体性向过程性终结解释的转变，使得客观性、相对性和历史性这原本不相容的几个要素统一于作为实践的科学之中。

从历史视角看，随着科学将自然彻底对象化以及二元论哲学的确立，"现代性危机"开始出现，即机械论的科学观导致了科学丧失人性，进而导致两种文化的分裂与对抗，最终也导致了西方文明与非西方文明之间的隔阂。许多伟大的思想家，如马克思、恩格斯、怀特海、普里戈津、李约瑟等，都从不同的角度分析了这种危害，并且指出，如果要摆脱现代性的危机，就必须向辩证的或有机的自然观回归，他们甚至还从本体论、认识论、思想史、科学史等不同的视角向我们指出了这种回归的具体途径。作为实践的科学，基于对科学研究现实的考察，从实践的角度向我们展现了另外一种回归道路。皮克林认为，主客二分的思想不仅导致了人类文明的危机，而且也与第二次世界大战后特别是冷战时期的"大科学"研究模式的现状不符。而如果将科学视为一种异质性的实践形式，那么，科学就不再是单纯的知识行为，它开始成为"赛博科学"，这就意味着科学实践中呈现出了一种人与物的混合本体论。在对第二次世界大战后西方科学的实践方式进行研究之后,皮克林指出,科学认识是认知主体与认知客体相互作用、人类知识与仪器强化的共同结果,"赛博科学"成为战后科学文化的一个关键特征。① 科学实践的研究代表着科学哲学开始进入后实证主义阶段,它摒弃了为科学知识进行逻辑辩护并试图将科学知识与社会现实割裂开来的做法,开始关注实验室中的科学活动与社会活动以及两者之间的互动,关注实验室与外部社会文化环境之间的相互作用。在这一视野下,各种自然物、科学仪器、社会关系、地域因素、传统文化资源、社会利益关系等,都成为科学实践过程中的内生性要素,而最终的科学理论也就成为这些因素在具体的实践方式中不断相互博弈的结果。皮克林将这一过程称为各种物质与人类因素的冲撞,科学就是在各种因素"阻抗与适应"的辩证过程中产生的。在这种冲撞中,自然与社会、物质与文化之间的界线消失了。

简单而言,从本体论上看,实践研究主张人与物之间的杂合与相互建构;从认识论上看,实践研究主张科学知识是物质与人文因素共同建构的结果。因此,我们不仅生活在一个人与物杂合的世界中,而且我们的科学也不再是单纯的实在论意义上的客观知识,而是成为了一种在我们的物质文化实践中被制造出来的杂合物。这不是对科学的贬低,相反,这是对科学研究现实的承认,它对于反对片面强调科学的超越性和跨文化性以致主张科学万能的论调而言是一个否定,同时,它对于过度夸大科学的社会内在性和文化相对属性以致达到某种形式的科学虚无主义的观点而言也是全然否决。但是在实践研究的视角下,我们会发现,科学与人文都在实践中达到了统一,不管是对于科学研究还是对于社会生活而言,科学因素不可少,人文因素同样不可少,它们之间的统一不再是单纯的理论的统一,而是实践的统一。

第二节　实践中的两种文化

两种文化在科学实践中达到了统一,承认科学研究中人文因素的

---

① Andrew Pickering, "Cyborg History and the World War Ⅱ Regime", *Perspectives on Science*, 1995, Vol.3, No.1, pp.1–48.

作用，并不是否定科学，相反，这是对科学研究现实的正视，因为科学的发展恰恰体现了人文的作用。致癌基因理论例证表明，在科学理论的形成与发展过程中，物质性因素、文化性因素和社会性因素都产生了重要作用，科学的传播与接受过程是一个物与人、自然与社会交织的混杂过程；而汤川秀树的例子则向我们表明了文化因素在科学理论的创新过程中是如何发挥关键作用的。

一、"致癌基因理论"的生物学彩车

不同领域的研究者，对于癌症的致因、治疗等方面，采取了完全不同的视角。临床医生以个别案例和病人以及标准的操作程序为依据来为病人提供最大程度的治疗。医学研究者从放射医学、流行病学、肿瘤学、内分泌学、神经病学、病理学等角度研究病人，并用不同时空条件下的案例来建构理论概括。基础研究者则更多从遗传学、病毒学、细胞生物学、有机体生物学、分子生物学、免疫学与神经系统科学进行理论的抽象，并提出可能的具体模式。癌症是如何发生的？我们如何才能在老鼠和人工培养的细胞中重复癌症过程，并将这一重复作为癌症的研究工具？在医学与基础研究者中，癌症的问题如何才能进一步分解？内分泌系统在导致、加速或阻止癌症的进一步发展过程中起了什么作用？化学药品、放疗与病毒有何作用？在基因与细胞的层次上，癌症从发生到加剧的分子机理是什么？不同视角、不同学科的研究在这些问题上的解答可能是完全相异的。

不同领域的参与者研究癌症的视角是不同的，这就导致了他们通常只认可其狭隘学科视角下的研究。虽然人们在理论和方法上有了一定进步，但到目前为止，真正成功的案例尚未出现。长期以来，人们假定某种关键性的突破连接着众多方面，包括定义、理论、方法以及治疗程序等，但无数试图寻找这种关键突破的努力都失败了，多次的失败使得人们产生了对这些如此不同的研究线索进行综合的要求。但这种要求往往会被具体研究领域中的学者们所忽视。显然，按照库恩的范式理论，这种忽视是对长久以来的学科传统的承诺，因为他们已经习惯于从不同的分析单位、不同的资料陈述、不同的时空规模和视角来研究这一问题。

然而，致癌基因理论的出现为这一学科的统一奠定了基础，为此它也获得了极高的荣誉。那么，它是如何综合这些不同的研究并获得如此众多支持者的呢？美国著名的科学社会学家琼·H.藤村对致癌基因理论的创立和发展过程进行了研究，为我们理解在实践中科学与人文的关系提供了一个很好的案例。

1982年，美国生物学家毕晓普与瓦莫斯提出了原致癌基因理论（proto-oncogene theory），并因此获得了1989年的诺贝尔生理学奖。它采用了一种新的分析单位"基因"来解释癌症的起因，由于这种解释的基础性，它足以解释不同领域的研究者所关注的现象和问题。

从生物学学科内部来看，它之所以能取得成功，原因之一就在于它以重组细胞DNA以及分子生物学的其他技术为基础，而这些技术在20世纪80年代早期就已经成为这一学科的标准化的常规方法，因此，它们很容易从分子生物学实验室传播到另外的实验室。在此基础上，抽象的、一般性的致癌基因理论与特殊的、标准化技术的结合，不断把这一领域的新思想转化为此学科的常规活动，使得在这一理论中不断产生的新思想能够非常容易地被其他实验室接受。这就为不同实验室、不同研究视角之间的交流与合作奠定了共同的实践基础。可以说，以重组DNA技术与选择基因为基础，毕晓普与瓦莫斯把原致癌基因理论的兴趣转换为进化生物学、发育生物学、细胞生物学等学科中的兴趣，从而统一了各种不同的研究领域。

除此之外，原致癌基因理论的成功还要依赖于毕晓普与瓦莫斯出色的修辞能力，它是在与来自不同领域的生物学和医学实验室、科学基金组织、国家癌症研究所、美国癌症研究学会、大学中的研究机构和管理机构、生物制品公司、美国国会与诺贝尔奖委员会之间的博弈过程中产生的。他们必须设计各种技巧与策略去说服相关的基金组织，让它们开始怀疑自己过去的工作效率和工作方向，从而站到毕晓普与瓦莫斯一方。而被说服了的国家癌症基金会则又带着自己的目的去游说国会议员，以增加对这种新研究的资助和拨款。对国会来说，其议员则会向选民表明这是克服癌症的新希望，从而增加自己的政治资本；对于私人工业来说，他们为其提供了一种新的生产线以制造并随后推广他们的生物技术商品；对大学校长来说，他们出色的修辞能力又为其重组"过时的"癌症研究机构，并融入更为时髦的、"流行的"分子生物学提供了一种可行的手段和辩护。结果便是，毕晓普与瓦莫斯的修辞能力使怀有不同目的、持有不同利益取

向的群体聚集在了致癌基因理论的旗帜之下。我们可以选取其中的两个
片段来表明这一过程。

（1）美国国家癌症研究所努力推销致癌基因理论,因为其赞助者是
国会及其代表的公众,包括其他科学家。他们必须向国会表明,现有的致
癌基因理论是以往研究成果的发展,而不是简单的取代,因此,他们过去
花费在病毒性癌症研究项目上的投资及其相关成果不仅没有白费,而且
还取得了良好的成效。

20 世纪 60 年代,美国国家癌症研究所通过了一项特殊的病毒性癌
症研究计划,并为其提供了充足的资金保证,目的是从病毒方面研究癌症
的起因。1970 年美国国会通过了相关的癌症研究法案,在此前后,许多
病毒学家与分子生物学家通过上述计划在国家癌症研究计划中获得大量
资助,以研究那些现在所谓的 DNA 肿瘤病毒与逆转录酶病毒(或 RNA
肿瘤病毒)。但这一法案与癌症的病毒致因研究备受争议,甚至受到了恶
意的诽谤。争议之处主要在于基金分配中存在的契约性偏见以及大量资
金被投入到病毒性研究计划中,人们认为后者只是一个高风险的赌注。

然而,这项研究开展 20 年后,人们仍未发现病毒与癌症之间的联系,
这就为此研究计划招致了更多的责难。然而,美国国家癌症研究所却用
原致癌基因理论为过去在病毒肿瘤学说上的投资进行辩护。时任美国国
家癌症研究所所长的德·维塔称:"人们一直在问国家癌症研究所的工作
是否已经成功。我承认我当时带有偏见地勉强回答'是'。这篇文章的发
表就是病毒癌症项目成功的一个很好的例子。因为从刚开始,这一计划
已经花费了近 10 亿美元。如果有人问我,我们现在从这一计划所产生的
信息中得到了什么,我将会说,我们获得了格外强有力的新知识,这是自
从癌症法案通过以来,拨给国家癌症计划的所有预算投资的回报。在癌
症的预防、诊断与治疗中,已经出现了一个重要范式变化,这就是这项工
作很好的实际意义。病毒肿瘤说的工作已经产生了大量有用的信息,远
不是人们当时所想象的那样。"[1]

致癌基因的研究者与癌症研究的管理者都认为,"新的"致癌基因的

---

[1]　Joan H. Fujimura, "Crafting Science: Standardized Packages, Boundary Objects, and 'Translation'", in: Andrew Pickering ed., *Science as Practice and Culture*, pp.203 – 204.

研究是建立在由过去的投资所产生的"格外强有力的新知识"的基础之上的。也就是说,病毒性癌症基因是从国家癌症研究所 20 世纪 60 年代到 70 年代对病毒性癌症研究项目的投资中建构出来的。20 世纪 80 年代通过致癌基因学说与重组 DNA 技术,先前与人类癌症没有联系的病毒性癌症基因现在已经成为人类的癌症基因。

(2)研究者与医生之间的博弈研究。"致癌基因"需要人类的上皮细胞,这就要求研究者与医生建立联系,以获取人类的器官组织。获取培育上皮细胞的"新鲜的"人类组织,这是一项困难而具有重要意义的任务。与研究者相比较,在医生与病理学家那里,人类组织意味着不同的东西,正常的乳房组织通常被放置在一桶福尔马林溶液中,福尔马林溶液杀死了细胞,它变成了废物。而被确诊已经发生癌变的乳房组织,则是病理学家进一步分析的材料,但其他方面它也只是废物,只是从病人身上切下来的病体组织。研究他人的组织器官,时常还会涉及法律上的风险。根据所有这些理由,致癌基因研究者需要说服外科医生、手术室的工作人员、病理学家为他们提供器官组织。但要达成这一目的是非常困难的,除了这些人的"自私"的原因外,医生与病理学家还害怕研究者会发现他们的某些过错,从而将可能使得他们因玩忽职守而陷入无休止的诉讼之中。

为了克服他们在法律上的顾虑,研究者向医生表明,他们对细胞的研究很可能会催生出更好的治疗方法,并可以对癌症进行早期检查,这将会大大增加癌症病人的存活率,同时也不会使医生陷入玩忽职守的危险之中。此外,重组实验室及重新训练手术室的工作人员脱离旧的工作习惯,这也是一个需要克服的困难。"在过去 30 年中,手术室与手术室的手术小组已经养成了一种习惯,他们所做的就是把器官组织取出来,然后把它丢进装有福尔马林溶液的桶中,一旦他们这样做了,对此项研究而言,他们的实验材料就消失了。所以需要训练手术室的小组,使他们用一个空桶或另一个装满福尔马林溶液的桶装不同的组织,这很难做得到……福尔马林……使细胞不活跃,使蛋白质改变了其自然属性。因此,那是真正困难的任务——重新训练。"①

---

① Joan H. Fujimura, "Crafting Science: Standardized Packages, Boundary Objects, and 'Translation'", p.185.

对研究者来说，这看来是一个坏习惯，但对内科医生与外科医生来说，这仿佛是一个好习惯。他们不是研究者，因此，对他们来说，剩下的器官组织都是非常无用的废物，训练他们从研究者的角度看问题是研究者的工作。尽管做了巨大的努力，研究者最终还是没在内科医生与外科医生身上培养出这样一种习惯，只好自己派一个助手在手术室中收集这些器官组织。

总之，对医生、手术室的工作人员、病人、乳癌细胞生物学家与致癌基因研究者来说，"细胞"与"癌症"具有不同的意义。研究者为了从事研究，就需要协调他们的工作与其他不同小组的工作的风格与兴趣，因为他们并没有权力要求医生服从，他们得说服，以甜言蜜语哄骗、诱惑，训练并回报医生与护士，以使他们根据研究者的利益而保存活体的乳房器官组织的细胞。

正如藤村所说："有关癌症的科学知识是在众多不同社会领域的交界处被建构的，其中任何一个都无法独立提出问题或给出答案。与癌症相关的问题分布在不同的群体之中，每一个群体都有自己的工作日程、关注点、责任与行事方式。"因此，"致癌基因理论影响的扩大要归功于将相关群体的利益整合在一起的能力"，在这一过程中，最重要的是"为了共同的利益所进行的共同的转译"。①

从致癌基因的成功的过程我们可以看出，它是研究者在与各种不同的科研组织的博弈中诞生的。用藤村的话来说，所有自然因素（基因），各种不同的生物学专业，各种不同的社会关系，还有流行病学家所揭示出来的不同种族、不同国家之间的文化差异都搭上了这趟"生物学彩车"。值得注意的是，上述各种博弈过程并不是时间上的延续关系，而是同一具体时空中相互交织在一起的一个复杂网络，其中任何一个过程或节点出了问题，"致癌基因"都可能不会成为"科学"。每一过程或环节都充满着情境性与突发性，科学理论正是在这些情境过程中机遇性地突现出来的，它的成功显然不是来自它对自然真理的反映。也就是说，科学真理及其客观性是在实践的时间进程中，在历史中生成的、突现的。这样一种崭新

---

① Joan H. Fujimura, "Crafting Science: Standardized Packages, Boundary Objects, and 'Translation'", p.180, p.177, p.203.

的、具有强烈历史感和时间感的科学,反映了在科学研究的实践过程中,自然因素、文化因素、社会因素(包括修辞、权威等)共同建构了科学研究的动力机制。这也是科学文化和人文文化在科学实践中融合的一个很好例证。如果我们取消其中的某一方面,可能最后会走向某种形式的实在论或建构论,但这都是对脱离了科学实践过程的最终知识产品的静态分析的结果,它不符合真实的、行动中的科学。

二、汤川秀树、庄子与介子

汤川秀树为我们从另外一个角度展现出,科学家的人文修养与科学想象同样是科学创新的一个重要源泉。

汤川秀树(1907—1981)

日本著名理论物理学家,1949 年获得诺贝尔物理学奖,是日本第一位诺贝尔奖获得者。1935 年,以"基本粒子的相互作用"为题发表了其介子理论,解释了质子与中子的相互作用关系,对基本粒子的研究产生了重要影响。

汤川秀树是日本京都大学的物理学教授,1934 年他开创性地提出了一种新的基本粒子理论——介子理论,并以"基本粒子的相互作用"为题,发表了介子场论文,预言介子的存在,还提出了核力场的方程和核力势,即汤川势的表达式。按照这一理论,质子和中子通过交换介子而互相转化,核力是一种交换介子的相互作用。1937 年 C. D. 安德森等在宇宙线中发现了新的带电粒子(后被认定为 μ 子)之后,C. F. 鲍威尔等人经研究,于 1947 年在宇宙射线中发现了另一种粒子,认定为汤川秀树所预言的介子,将之命名为 π 介子。由于在核力理论的基础上预言介子的存在,他凭借这一贡献获得了 1949 年的诺贝尔物理学奖。[①]

汤川秀树尽管是一位著名的物理学家,但是他对文学和哲学同样保

---

① 周林东:《汤川秀树:从'权兵卫'到科学大师》,《中华读书报》2001 年第 342 期第 23 版。

持了浓厚的兴趣。他从小诵读中国的《论语》《大学》《孟子》等经典，从中学开始阅读《水浒传》《三国志》《老子》《庄子》等中国古代典籍，中年之后则对老子、庄子的著述情有独钟。汤川秀树对中国文化的这种热爱在他的很多著作中都有体现，他不仅在科普作品中引用《庄子》的词句，更是认为自己科学思想的提出与发展也是受《庄子》哲学思想的启发和影响。下面我们就来看一下道家思想是如何影响汤川秀树科学理论发展的。

1948 年，汤川秀树在日本东方文化研究所进行了一次以"东方的思考"为题的演讲，演讲中他着重谈到了东方文化对科学创造中的抽象和直觉的重要作用。他认为，从 17 世纪到 19 世纪，西方科学中的抽象都还没有离开事实层面，但到了 20 世纪，物理学的理论开始高度抽象化，其中的那些数学关系只有一小部分能够被直接检验。这种高度的抽象就意味着事物被构想成了一种抽象数学的、逻辑的形式。但是，他认为单靠数学和逻辑的力量是不够的，科学创造需要直觉，而这种直觉思维、想象与类比则是东方人所擅长的。当然，将古代文化与现代物理学联系起来并不是说要胡乱引用古人的辞藻来附会今天的物理学，而是要从深层思想上找到东方文化对现今科学发展的意义。如其所言：

> 科学主要是在欧洲发展起来的。人们常说，希腊思想从广义上来说提供了一切科学赖以发展的一种基础。最近逝世的薛定谔教授又一次写道，不受希腊思想影响的地方，科学就得不到发展。历史地说来，这或许是对的……但是，当我们考虑到将来时，肯定没有任何理由认为希腊思想应该仍然是科学思想发展的唯一源泉。东方产生过所有各种的思想体系。印度是一个很好的例子，中国也同样如此。中国的古代哲学家们没有产生纯科学。这一点到目前为止可能还是真实的。但是，我们不能认为将来还会这样。①

1964 年在希腊的一次演讲中，汤川秀树也对科学创造中的直觉和抽

---

①　汤川秀树：《创造力与直觉：一个物理学家对于东西方的考察》，周林东译，复旦大学出版社 1987 年版，第 50—51 页。

象进行了论述。他认为,20 世纪的物理学过于抽象,这就使得抽象丧失了与直觉之间的密切联系,这是一种令人失望的境况。在古希腊,不单直觉和抽象之间是完全和谐、平衡的关系,而且科学与哲学、文学和艺术之间也不曾远离,所有这些活动都是人类心灵活动的一部分。尽管今天它们之间的关系被割裂开了,但汤川秀树认为物理学不可能在这样一种境地中永远衰败下去。他指出,科学史为我们提供了很多的例子,表明这种情况是可以避免的。"在本世纪初期,物理学是能够返老还童的。如果我们更加注意直觉或大胆的想象,来作为不可避免的抽象化趋势的一种补充,基础物理学的又一次返老还童就是可以期望的。"①

1967 年在蒙特利尔世界博览会上汤川秀树发表了诺兰达系列演讲,其中之一的题目是"科学中的创造性思维"。在这个演讲中,他同样强调直觉的重要性。他说,虽然培根的归纳法和笛卡尔的演绎法是科学研究的两种通行方法,但是人类思维的真正创造性的根源却并不在此,这种创造性来自人们直觉形式的类比。通过对物理学发展的研究,他指出两点:第一,抽象并不能单独起作用,在任何富有成效的科学成果中,直觉和抽象总是交相为用;第二,抽象的数学形式永远是科学思维的最后产物,而实际上,在科学思维中直觉的作用远超出人类的想象。②

汤川秀树对直觉的强调并非只停留在理论层面,他的科学研究实践就体现出了中国古典哲学对科学发现的启发性作用。

汤川秀树认为,自己对基本粒子的研究受到了中国古代文化的启示。大概在 20 世纪 50 年代中期,汤川秀树一直为基本粒子的问题所困扰,然而,非常突然、似乎毫无预兆地,他想到了《庄子·内篇·应帝王第七》中的一段话,这为其打开了思考这一问题的思路。

> 南海之帝为倏,北海之帝为忽,中央之帝为浑沌。倏与忽时相与遇于浑沌之地,浑沌待之甚善。倏与忽谋报浑沌之德,曰:"人皆有七窍以视听食息。此独无有,尝试凿之。"日凿一窍,七

---

① 汤川秀树:《创造力与直觉:一个物理学家对于东西方的考察》,第 83 页。
② 同上,第 93 页。

日而浑沌死。①

倏、忽、浑沌都有自己的本性，而倏和忽出于好心，强行把浑沌改造成为七窍完备而清晰的人形，结果导致浑沌的死亡。粒子世界恰恰也是这种对立的统一，在可分割的粒子背后是未分化而且不可分割的浑沌。汤川之所以想到这个寓言，是因为他正在因对三十多种基本粒子背后的物质到底是什么而困惑不已。他想这基本物质可能就类似于浑沌，它可以分化为一切基本粒子，但它事实上还没有分化。于是，文化的想象与科学的理性思考联系到了一起。汤川秀树写道：

> 最近我又发现了庄子寓言的一种新的魅力。我通过把倏和忽看成某种类似基本粒子的东西而自得其乐。只要它们还在自由地到处乱窜，什么事情也不会发生——直至他们从南到北相遇于浑沌之地，这时就会发生象基本粒子碰撞那样的一个事件。按照这一蕴涵着某种二元论的方式来看，就可以把浑沌的无序状态看成把基本粒子包裹起来的时间和空间。在我看来，这样一种诠释是可能的。②

常有人向汤川秀树求字，曾经有段时间，他常给求字者写三个字"知鱼乐"，原因就在于汤川秀树对《庄子·秋水》篇的热爱。在 1965 年召开的一次基本粒子国际会议上，汤川秀树将其中的庄子与惠子对话部分翻译成了英语。这段话如下：

> 庄子与惠子游于濠梁之上。庄子曰："儵鱼出游从容，是鱼之乐也。"惠子曰："子非鱼，安知鱼之乐？"庄子曰："子非我，安知我不知鱼之乐？"惠子曰："我非子，故不知子矣；子固非鱼也，子之不知鱼之乐，全矣！"庄子曰："请循其本。子曰'汝安知鱼乐'

---

① 汤川秀树：《创造力与直觉：一个物理学家对于东西方的考察》，第 49 页。
② 同上，第 50 页。

云者，既已知吾知之而问我。我知之濠上也。"①

这段话似乎类似于禅宗的问答形式，但实际上完全不同。禅宗总是把论证推进到科学无能为力的地方，而庄子和惠子的问答，则可以被视为对科学中理性主义与经验主义两种立场的间接评注。惠子的论证逻辑似乎要比庄子的论证明晰得多，而且，惠子拒不承认任何像"鱼之乐"之类既无明确定义又难以证实的事物，这与传统的科学态度更加接近。于是，一种看法是不相信任何未加证实之物，另一种看法则是不怀疑任何未经证明其不存在或不曾发生的事情。实际上，没有任何科学家会顽固地坚持其中某一个极端观点，一般情况而言，科学家的思维方式总是介于这两个极端之间，但有时也会更偏向于某一个。例如，在基本粒子的结构问题上，有的物理学家认为，猜测基本粒子的细微结构是毫无意义的，但是汤川秀树则认为，通过某种手段把握基本粒子的结构是可能的，而且这正是他所从事的工作。"我相信这样的一天将会来临，那时我们将知道基本粒子的内心，即使这一切不会像庄子知道鱼的内心那样轻而易举。"②

本章小结

科学与人文之间的分裂实际上是人们将科学视为最终的知识产品的结果。对于科学研究实践结束之后的知识，传统理性主义的做法是为其客观性寻求合理的根据，而后现代主义的做法则是为其作为一种可接受的信念寻找社会根源。他们的共同错误在于忽视了对于科学实践过程的关注。如果我们将研究视角转向科学实践，我们会发现科学研究中不仅充满着理性、客观和逻辑，也充满着非理性、主观和非逻辑，这并不是在贬低科学，而是还科学一个真实的面貌。注意到这一点我们就会发现，在科学实践的层面上，科学文化与人文文化是融为一体的，它们共同成为了科学的内在组成部分。在这种视角下，我们会看到，在科学创造过程中，人文因素确实会起到作用，尽管这种作用方式很难用传统的逻辑方法来阐

① 汤川秀树：《创造力与直觉：一个物理学家对于东西方的考察》，第53页。
② 同上，第55页。

明,就如汤川秀树的案例所表明的;在科学理论的传播过程中,非科学、非理性的因素也确实会起作用,就如同原致癌基因理论的传播过程一样;而且,这样一种实践视角的科学也会为我们思考科学家的科研道德、科学家的社会责任等问题提供一个可行的理论视角。

■ 思考题

1. 如何理解当代科学观理论从表征主义向实践主义的转变?

2. 如何理解权力、修辞等社会学因素在科学理论传播过程中的作用?

3. 你认为科学与人文这两种文化能够融合吗? 试论述你的理由。

■ 扩展阅读

1. 安德鲁·皮克林. 作为实践和文化的科学. 柯文,伊梅译. 中国人民大学出版社,2006.

2. 汤川秀树. 创造力与直觉:一个物理学家对于东西方的考察. 周林东译. 复旦大学出版,1987.

参考文献

一、中文文献

[1] A. F. 查尔默斯. 科学究竟是什么[M]. 鲁旭东译. 北京:商务印书馆,2009.

[2] A. N. 怀特海. 科学与近代世界[M]. 何钦译. 北京:商务印书馆,2012.

[3] 阿里山大·科瓦雷. 牛顿研究[M]. 张卜天译. 北京:北京大学出版社,2003.

[4] 埃德蒙德·胡塞尔. 欧洲科学危机和超验现象学[M]. 张庆熊译. 上海:上海译文出版社,1988.

[5] 爱德文·阿瑟·伯特. 近代物理科学的形而上学基础[M]. 徐向东译. 北京:北京大学出版社,2003.

[6] 艾伦·索卡尔,等. "索卡尔事件"与科学大战——后现代视野中的科学与人文的冲突[M]. 蔡仲,邢冬梅,等译. 南京:南京大学出版社,2002.

[7] 埃伦·杜布斯. 文艺复兴时期的人与自然[M]. 陆建华,刘源译. 杭州:浙江人民出版社,1988.

[8] 爱因斯坦. 爱因斯坦文集(第1卷)[M]. 许良英,等编译. 北京:商务印书馆,1976.

[9] 爱因斯坦. 爱因斯坦文集(第3卷)[M]. 许良英,赵中立,张宣三编译. 北京:商务印书馆,1979.

[10] 安德鲁·皮克林. 实践的冲撞——时间、力量与科学. 邢冬梅译[M]. 南京大学出版社,2004.

[11] 安德鲁·罗斯. 科学大战[M]. 夏侯炳,郭伦娜译. 南昌:江西教育出版社,2002.

[12] 奥利卡·舍格斯特尔. 超越科学大战——科学与社会关系中迷失了的话语[M]. 黄颖,赵玉桥译. 北京:中国人民大学出版社,2006.

[13] 奥斯瓦尔德·斯宾格勒. 西方的没落[M]. 吴琼译. 上海:三联书店,2006.

[14] 巴里·巴恩斯,大卫·布鲁尔. 相对主义、理性主义和知识社会学[J]. 鲁旭东摘译. 哲学译丛,2000(1).

[15] 巴里·巴恩斯,大卫·布鲁尔,约翰·亨利. 科学知识:一种社会学的分析[M]. 邢冬梅,蔡仲译. 南京:南京大学出版社,2004.

[16] 保罗·R. 格罗斯,诺曼·莱维特. 高级迷信:学术左派及其关于科学的争论[M]. 孙雍君,张锦志译. 北京:北京大学出版社,2008.

[17] 彼得·昆兹曼,等. 哲学百科[M]. 黄添盛译. 南宁:广西人民出版社,2011.

[18] 布鲁诺·拉图尔. 我们从未现代过[M]. 刘鹏, 安涅思译. 苏州: 苏州大学出版社, 2010.

[19] C. 巴比吉. 英国科学的衰落[J]. 波碧译. 世界研究与开发报导, 1990(4).

[20] C. P. 斯诺. 两种文化[M]. 陈克艰, 秦小虎译. 上海: 上海科学技术出版社, 2003.

[21] 陈独秀. 陈独秀文选[M]. 上海: 上海远东出版社, 1994.

[22] 大卫·布鲁尔. 知识和社会意象[M]. 艾彦译. 上海: 东方出版社, 2001.

[23] 大卫·雷·格里芬. 后现代科学——科学魅力的再现[M]. 马季方译. 北京: 中央编译出版社, 1995.

[24] 戴维·罗杰·奥尔德罗伊德. 知识的拱门——科学哲学和科学方法论历史导论[M]. 顾犇, 等译. 北京: 商务印书馆, 2008.

[25] 郭颖颐. 中国现代思想中的唯科学主义[M]. 南京: 江苏人民出版社, 1995.

[26] 哈里·柯林斯. 改变秩序——社会实践中的复制与归纳[M]. 成素梅, 张帆译. 上海: 上海科技教育出版社, 2007.

[27] 杰拉尔德·霍尔顿. 科学与反科学[M]. 范岱年, 陈养惠译. 南昌: 江西教育出版社, 1999.

[28] 杰伊·A. 拉宾格尔, 哈里·柯林斯. 一种文化? ——关于科学的对话[M]. 张增一, 等译. 上海科技教育出版社, 2006.

[29] 卡尔·萨根. 魔鬼出没的世界[M]. 李大光译. 海口: 海南出版社, 2010.

[30] 卡洛琳·麦茜特. 自然之死: 妇女、生态和科学革命[M]. 吴国盛, 等译. 长春: 吉林人民出版社, 1999.

[31] 凯文·凯利. 科技想要什么[M]. 熊祥译. 北京: 中信出版社, 2011.

[32] 李约瑟, 等. 中国科学技术史(第 2 卷)[M]. 北京、上海: 科学出版社、上海古籍出版社, 1990.

[33] 雷·斯潘根贝格, 戴安娜·莫泽. 科学的旅程[M]. 郭奕玲, 等译. 北京: 北京大学出版社, 2008.

[34] 刘钝, 方在庆. "两种文化": "冷战"坚冰何时打破? ——关于斯诺命题的对话[N]. 中华读书报, 2002 - 2 - 6(24).

[35] 卢梭. 论科学与艺术的复兴是否有助于使风俗日趋纯朴[M]. 李平沤译. 北京: 商务印书馆, 2011.

[36] 罗宾·柯林武德. 自然的观念[M]. 吴国盛, 柯映红译. 北京: 华夏出版社, 1999.

[37] 罗伯特·金·默顿. 十七世纪英格兰的科学、技术与社会[M]. 范岱年, 等译. 北京: 商务印书馆, 2000.

[38] 罗钢, 刘象愚. 后殖民主义文化理论[M]. 北京: 中国社会科学出版社, 1999.

[39] 罗素. 西方哲学史(下卷)[M]. 马元德译. 北京: 商务印书馆, 1996.

[40] M. 克莱因. 西方文化中的数学[M]. 张祖贵译. 台北:九章出版社,1995.

[41] 诺里塔·克瑞杰. 沙滩上的房子——后现代主义者的科学神话曝光[M]. 蔡仲译. 南京:南京大学出版社,2003.

[42] 普里戈金,斯唐热. 从混沌到有序[M]. 曾庆宏,沈小峰译. 上海:上海译文出版社,1987.

[43] 斯蒂文·夏平. 科学革命:批判性的综合[M]. 徐国强,袁江洋,孙小淳译. 上海:上海科技教育出版社,2004.

[44] 汤川秀树. 创造力与直觉:一个物理学家对于东西方的考察[M]. 周林东译. 上海:复旦大学出版社,1987.

[45] 托马斯·库恩. 必要的张力——科学的传统和变革论文选[M]. 范岱年,等译. 北京:北京大学出版社,2004.

[46] 托马斯·库恩. 科学革命的结构[M]. 金吾伦,胡新和译. 北京:北京大学出版社,2003.

[47] W. C. 丹皮尔. 科学史及其与哲学和宗教的关系[M]. 李珩译. 北京:商务印书馆,1997.

[48] 希拉·贾撒诺夫,等. 科学技术论手册[M]. 盛晓明,等译. 北京:北京理工大学出版社,2004.

[49] 雅克·莫诺. 偶然性和必然性:略论现代生物学的自然哲学[M]. 上海外国自然科学哲学著作编译组译. 上海:上海人民出版社,1977.

[50] 亚里士多德. 形而上学[M]. 吴寿彭译. 北京:商务印书馆,1959.

[51] 亚历克斯·罗森堡. 科学哲学:当代进阶教程[M]. 刘华杰译. 上海:上海世纪出版集团,2006.

[52] 亚·沃尔夫. 十六、十七世纪科学、技术和哲学史[M]. 周昌忠,等译. 北京:商务印书馆,1991.

[53] 野家启一. 库恩——范式[M]. 毕小辉译. 石家庄:河北教育出版社,2002.

[54] 伊安·巴伯. 当科学遇到宗教[M]. 苏贤贵译. 上海:三联书店,2004.

[55] 伊萨克·牛顿. 自然哲学之数学原理[M]. 王迪克译. 西安:陕西人民出版社,2001.

[56] 约翰·霍根. 科学的终结:在科学时代的暮色中审视知识的限度[M]. 孙雍君,等译. 呼和浩特:远方出版社,1997.

[57] 赵万里. 科学的社会建构——科学知识社会学的理论与实践[M]. 天津:天津人民出版社,2002.

[58] 张君劢,丁文江,等. 科学与人生观[M]. 济南:山东人民出版社,1997.

[59] 周林东. 汤川秀树:从"权兵卫"到科学大师[N]. 中华读书报,2001 - 3 - 4(23).

二、外文文献

[1] Anderson, Warwick. "Postcolonial Technoscience." *Social Studies of Science*, Oct.－Dec. 2002.

[2] Biagioli, Mario. *Galileo, Courtier*. Chicago: University of Chicago Press, 1993.

[3] Bird, Alexander. "Kuhn, Nominalism, and Empiricism." *Philosophy of Science*, 2003(70).

[4] Bloor, David. "Idealism and the Sociology of Knowledge." *Social Studies of Science*, 1996, Vol. 26, No. 4.

[5] Bloor, David. *Wittgenstein, Rules and Institutions*. New York: Routledge, 1997.

[6] Collins, H. M. & Graham Cox. "Recovering Relativity: Did Prophecy Fail?" *Social Studies of Science*, 1976, Vol. 6, No. 3/4.

[7] Forrest, Babara. "The Wedge at Work." in: Robert T. Pennock ed. *Intelligent Design Creationism and Its Critics*. Cambridge: MIT Press, 2001.

[8] Gieryn, Thomas F. "Relativist/Constructivist Programmes in the Sociology of Science: Redundance and Retreat." *Social Studies of Science*, 1982, Vol. 12, No. 2.

[9] Golinski, Jan. *Making Natural Knowledge: Constructivism and the History of Science*. Chicago: University of Chicago Press, 1998.

[10] Hadden, R. W. & M. A. Overington. "Ontological Porcupine: The Road to Hegemony and Back in Science Studies." *Perspectives on Science*, 1996, Vol. 4, No. 1.

[11] Harding, Sandra. *The Science Question in Feminism*. Ithaca: Cornell University Press, 1986.

[12] Johnson, Phillip E. *Darwin on Trial*. Washington, D. C.: Regnery Gateway, 1991.

[13] Johnson, Phillip E. *Defeating Darwinism by Opening Minds*. Downers Grove: InterVarsity Press, 1997.

[14] Knorr-Cetina, K. D. & M. Mulkay. *Science Observed: Perspectives on the Social Studies of Sciences*. London and Beverly Hills: SAGE Publications Ltd., 1983.

[15] Latour, Bruno. *Science in Action: How to Follow Scientists and Engineers Through Society*. Cambridge: Harvard University Press, 1987.

[16] Longino, Helen. "Interpretation Versus Explanation in the Critique of

Science." *Science in Context*, 1997(10).

[17] Lynch, Michael. *Scientific Practice and Ordinary Action*. New York: Cambridge University Press, 1993.

[18] Pickering, Andrew. "Cyborg History and the World War Ⅱ Regime." *Perspectives on Science*, 1995, Vol.3, No.1.

[19] Pickering, Andrew. *Science as Practice and Culture*. Chicago: University of Chicago Press, 1992.

[20] Pickering, Andrew. "Time and a Theory of the Visible." *Human Studies*, 1997 (20).

[21] Shapin, Steven &. Simon Schaffer. *Leviathan and the Air-pump: Hobbes, Boyle, and the Experimental Life*. Princeton: Princeton University Press, 1985.

[22] Smout, Kary D. *Creation/Evolution Controversy: A Battle for Cultural Power*. Westport: Greenwood Publishing Group, Inc. , 1998.

三、电子文献

[1] AAAS Board. "AAAS Board Resolution on Intelligent Design Theory." 2002. http://www. aaas. org/news/releases/2002/1106id2. shtml.

[2] Center for the Renewal of Science and Culture. "The Wedge Strategy." http:// www. humanist. net/skeptical/Wedge. html.

[3] Chapman, Bruce. "Ideas Whose Time Is Coming." *Discovery Institute Journal*, summer 1996. http://www. discovery. org/w3/discovery. org/journal/president. html.

[4] Goode, Stephen. "Johnson Challenges Advocates of Evolution." *Insight on the News*, Oct. 25, 1999. http://www. arn. org/docs/johnson/insightprofile1099. htm.

[5] "Major Grants Increase Programs, Nearly Double Discovery Budget." *Discovery Institute Journal*, 1999. http://www. discovery. org/w3/discovery. org/journal/ 1999/grants. html.

[6] Pearcey, Nancy. "Wedge Issues: An Intelligent Discussion with Intelligent Design's Designer." *World*, July 29, 2000. http://www. worldmag. com/ world/issue/07-29-00/closing_2. asp.

[7] Swanson, Scott. "Debunking Darwin?" *Christianity Today*, January 6, 1997. http://www. christianityonline. com/ct/7t1/7t1064. html.